まえがき

「公害」とは特殊な地域で起こった特別な問題だと思っている人が多いのではないでしょうか。はたして本当にそうなのかと考えさせられたのが、ある水俣病患者さんの次の一言でした。「あのころ魚が危ないって誰も言わなかった。だけどたとえ言われたとしても、その魚を食べて食あたりにでもなるのなら別だが、そうでなかったら食べていただろう」。

この発言はおかしい、毒が含まれているとわかっていたら食べないのが当たり前だと思われるかもしれませんが、本当にそうでしょうか。たとえば、コンビニで売られているお弁当やお菓子のラベルを見ると添加物や着色料が使われているのがわかります。私たちは農薬が体に悪いと知っていますが、それを使って育てた野菜を食べています。そして「3.11」以降はそこに放射性物質が加わってきました。それらの１つひとつは使用量・含有量が基準値内に収まっているはずですが、体内でどういった複合的な作用がそこから生まれるのかはいまだにわかっていません。そうした危険性を私たちはなんとなく知りながらも、そしてそのことに対してうっすらとした不安を抱きながらもそれらを口にしているのです。

空気はどうでしょうか。おそらくそこには微量ではあるかもしれませんが、車の排気ガスから出る物質をはじめとしたさまざまな有害物質が含まれています。しかし私たちは空気なしでは生きていけませんから、たとえ汚れた空気であったとしても吸わないわけにはいきません。このように考えると、公害は私たちの日常とかけ離れたところにある問題ではけっしてないのだということがわかってきます。

最近は、健康に気を使って毎日を過ごしている人が少なくないようです。その証拠にジムやエステに通う人は増えていますし、サプリメントやトクホ食品の売り上げも伸びていると聞いています。しかし、自分が毎日摂取している空気や食べ物の汚染にどれだけの人が気を使っているのでしょうか。この本に収録されているマンガの主人公で、四日市公害の犠牲になりわずか９歳で命を奪われた谷田尚子さんは、そうした私たちの矛盾した生活に警告を与えてくれているように思えてなりません。

四日市在住の漫画家矢田恵梨子さんが『ソラノイト〜少女をおそった灰色の空〜』を完成させたのが2015年9月で、同月26日の公害犠牲者合同慰霊祭への参加者に読んでもらったのが、このマンガの最初のお披露目でした。あれからどうやったらこのマンガを多くの人に読んでもらえるのかと矢田さんと2人で知恵を絞り、もう1人の編者である伊藤三男さんにも相談し、そして生まれたのがこの本です。

この本は4部構成になっています。まず第1部には、矢田さんが多くの人たちに公害のことを伝えたいという思いで描いたマンガと、伊藤さんが作成したマンガのなかに出てくる四日市公害に関連する用語の解説および年表が載っています。地図を作成したのは矢田さんです。

第2部は「マンガでつながる人たち」ということで、まず谷田尚子さんのお母さんである輝子さんのお話を載せています。そして、マンガが描かれた背景などが語られている矢田さんの講演録や、その講演に通訳者として関わった岡本早織さんと私との対談などが収録されています。

この本を手にして、なぜこのマンガが左から始まり、セリフが横書きになっているのかを不思議に思われる方もいらっしゃるのではないでしょうか。これは、矢田さんが日本だけではなく、多くの人たちに読まれるためには英訳を視野に入れなければならないことを最初から意識していたことの表れです。実際、私の本務校である国際基督教大学で翻訳学を教えているベヴァリー・カレンさんのクラスの学生たちが、授業の課題の一環としてこのマンガの英訳を試みています。その学生たちが英訳に悪戦苦闘したこともカレンさんのレポートとして収録されています。

第3部「四日市公害がつなぐ世界」では、四日市公害がどのような世界と、どうつながっているのかがさまざまな書き手によって明らかにされます。メディアの現場で働く2人、深井小百合さんと田村銀河さんからは四日市公害の報道が誰に何を伝えようとしているのかが語られています。また、自然観察から考える環境汚染の問題を四日市在住の谷崎仁美さんが自身の経験を交えて書いています。そして編者の1人である伊藤さんからは四日市公害がもつグローバルな意味が解き明かされます。

第4部の「公害と私たちをつなぐイト」では、四日市公害以外にもさまざまな公害があること、それらが私たちの日常と密接に結びついていることが書かれています。水俣病のことを山下善寛さんが、アスベスト問題については澤田慎一郎さんが論じてくれていますが、それ以外にも私たちが気づいていないだけで意外と身近なところに公害の問題は潜んでいるはずです。そこに気付き、私たち自身がそれを発信していくことの重要性が諌山三武さんと私との対談では議論されています。そして最後に私たちの暮らしのなかにある公害と、私たちはどう向き合っていかなければならないのか、私の考えを述べさせてもらいました。

この本を読んでいただければ、公害が過去の話ではなく、私たちの今の暮らしといかにつながっているのかがわかっていただけるはずです。そして、この本のタイトルである「空の青さはひとつだけ」が示しているように、私たちの日常が世界ともつながっていることが見えてくるのではないでしょうか。

最後になりましたが、この本を世に出すためにご尽力いただいた皆さんに感謝の意を表したいと思います。ありがとうございました。

編者を代表して

池田理知子

目 次

第１部

四日市公害マンガ「ソラノイト」

四日市公害マンガ
ソラノイト
～少女をおそった灰色の空～
矢田　恵梨子

1972年7月24日・・・
ゴオオオオオ・・・
津地方裁判所《つちほうさいばんしょ》
四日市支部《しぶ》
バンザーイ!!
バンザーイ!!
バンザーイ!!
公害反対
勝訴
バンザーイ!!
パシャ
パシャ
パシャ
四日市公害《こうがい》の
認定患者《にんていかんじゃ》9名が
原告《げんこく》として
訴訟《そしょう》を起《お》こした
裁判《さいばん》は——・・・

5年間《ねんかん》の闘《たたか》いの末《すえ》…
コンビナート企業《きぎょう》6社に対《たい》し全面勝訴《ぜんめんしょうしょ》となりました。
ワァッ
勝《か》ったんや!!
裁判所《さいばんしょ》前には多くの住民《じゅうみん》が集《あつ》まり…
良《よ》かったな尚子《なおこ》…!!
うんっ!
公害認定患者《こうがいにんていかんじゃ》
谷田尚子《たにだなおこ》(9歳《さい》)

裁判《さいばん》の判決《はんけつ》から
5年前《ねんまえ》——…
ミーン ミンミンミン…
三重県《みえけん》四日市市
西新地《にししんち》
パカ
尚子《なおこ》(4歳《さい》)
たたたたたっ
にーちゃん
こおり
できたー!!
お！やっと
固《かた》まったか！
尚子《なおこ》はお皿《さら》
回《まわ》してな！
うんっ!!
ガリガリ
ガリガリ

トロ…
こっこがやるー!!
ばっ
あっ
きゅぽんっ
ザァ…
リリーン…
!
ん〜♡
つめたぁーい!!

なんなん
これーっ!
おえっ
たまねぎ
くさったみたいな
においやな。
うわっ
またや!!
なんか
くさーい。
ガラガラ
ピシャッ
ゴオオオオ…
…尚子《なおこ》、
風邪《かぜ》
引いたんか?
ケホ
?
ゲホッ
——…
ケホケホ
ケホケホ

ゴホゴホッ
…「公害《こうがい》」？
診療所
ミーン ミンミンミン…
四日市の工場《こうじょう》の煙《けむり》から出《で》る亜硫酸《ありゅうさん》ガスが原因《げんいん》で、
ぜんそくを引《ひ》き起《お》こすんです。
ゴホゲホッ
な…
なんですそれ…？
…先生《せんせい》、この子…大丈夫《だいじょうぶ》なんでしょうか…？
咳《せき》、どんどん酷《ひど》なるんです…っ！
くるし…っ
く…っ

ぜんそくを治《なお》す薬《くすり》はありませんが…、
発作《ほっさ》をおさえる注射《ちゅうしゃ》を打てば…
ぜんそくで死《し》ぬことはありませんよー…。
ぐ…っ
ゴホゴホッ
…尚子《なおこ》、
あんたまたやせたんちゃうか…？
ヒュー…
ヒュー…
苦《くる》し‥っ
苦《くる》しいよぅ‥
…明日《あした》の遠足《えんそく》、やっぱ無理《むり》やなぁ…。
!!
去年《きょねん》もガマンしたのに…!!

うぅ〜〜っ!!
ポロ
なんでいっつも
こっこだけこんな目《め》に
あわなあかんの!?
ーー
ーー
ぼーー…
ーー
ーー…
えーなぁ・・・
兄《にい》ちゃんは毎日《まいにち》
学校《がっこう》行《い》けて。
ママも父《とう》さんも
いっつも仕事《しごと》で
おらへんし・・・。
四日市では
ぜんそくなどの
健康被害《けんこうひがい》が拡大《かくだい》し、
ぬり
ぬり
住民《じゅうみん》たちによる
公害反対運動《こうがいはんたいうんどう》が
広《ひろ》がっています。
ワーーッ
四日市の青空《あおぞら》を
取《と》り戻《もど》せーーっ!!
!

なぁ…
おばあちゃん、
ん？
トン
トン
トン
なんでここは
空《そら》 灰色《はいいろ》なん？
—…え？
カタ
カタ
カタカタ‥
カチッ
———…

おばあちゃんが若《わか》かった頃《ころ》・・・
四日市には、戦争《せんそう》のための燃料《ねんりょう》を作る工場《こうじょう》があってなぁ・・・
空襲《くうしゅう》で狙《ねら》われて、
ほとんど壊《こわ》されてしもたんよー・・・。
その土地《とち》を利用《りよう》して、
国《くに》の方針《ほうしん》で・・・
おっきな石油化学《せきゆかがく》コンビナートを作《つく》ったん・・・。
当時《とうじ》は食《た》べるモンも少《すく》なかったし・・・
コンビナート合同竣工
祝竣工
これで四日市も大都会《だいとかい》なる言《ゆ》うてなぁ、
みんな・・・喜《よろこ》んで働《はたら》いた。

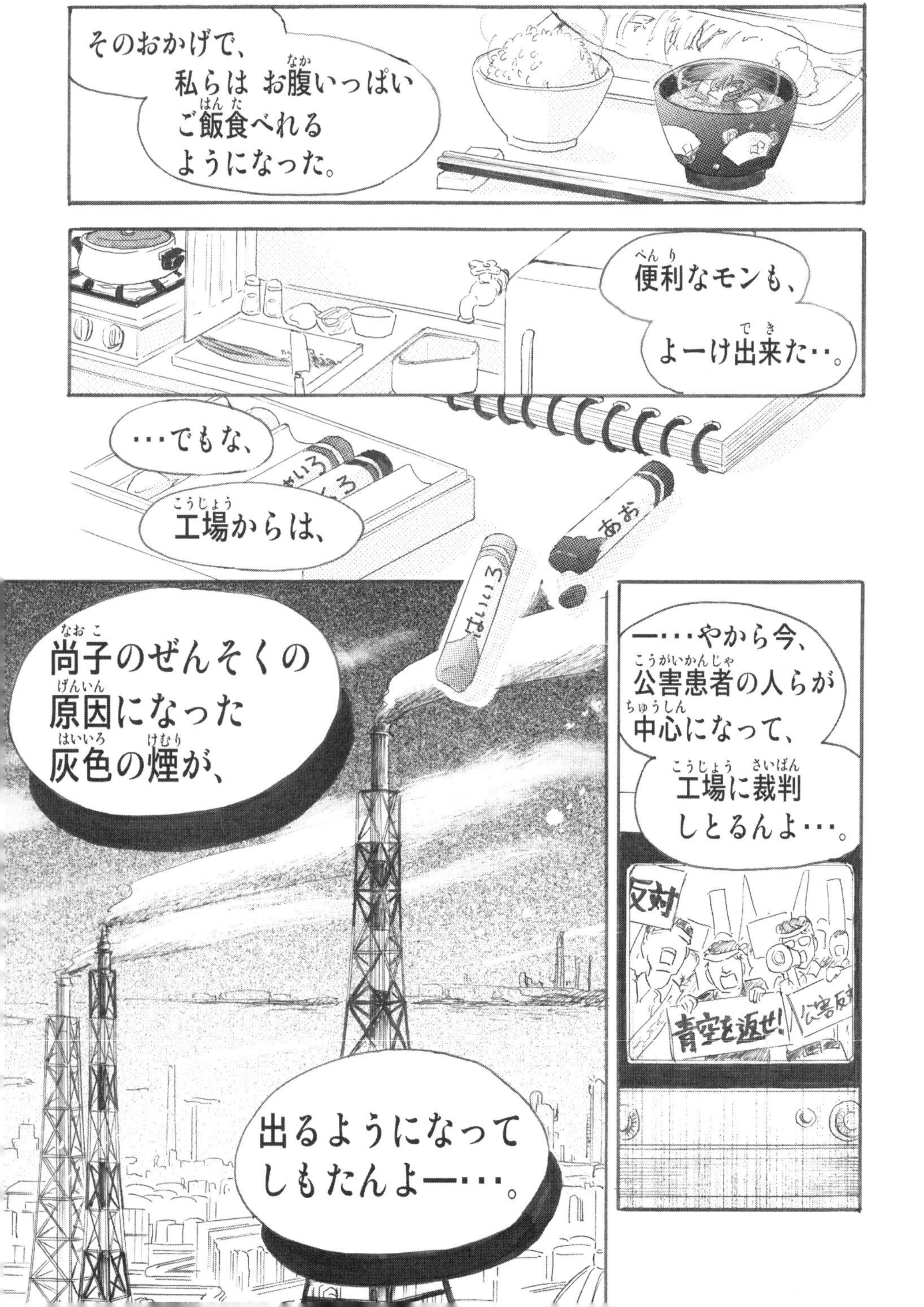
そのおかげで、私らは お腹《なか》いっぱいご飯《はん》食《た》べれるようになった。
便利《べんり》なモンも、よーけ出来《でき》た…。
…でもな、
工場《こうじょう》からは、
あお
尚子《なおこ》のぜんそくの原因《げんいん》になった灰色《はいいろ》の煙《けむり》が、
出るようになってしもたんよー…。
ー…やから今、公害患者《こうがいかんじゃ》の人らが中心《ちゅうしん》になって、
工場《こうじょう》に裁判《さいばん》しとるんよ…。
反対
青空を返せ!

ー…体《からだ》に悪《わる》いって分《わ》かっとんのに、
なんで工場《こうじょう》は止《や》めてくれやんの？
!!
…便利《べんり》なモン
求《もと》める時代《じだい》になってしもたでなぁ…
そう簡単《かんたん》には止《や》められー…
ー…っ
ー…尚子《なおこ》
ぎゅ…っ
ごめんしてな…。

ザァーー…
尚子《なおこ》、まだ続《つづ》くんか?
うん…
ヒュー—
ヒュー…
やっぱりおかしいよ!
発作《ほっさ》のたび10時間《じかん》も20時間《じかん》も治《おさ》まらんなんて…!!
これ以上《いじょう》‥
苦《くる》しませたくないのに…!!
どうしたらいいん!?
—…輝子《てるこ》、明日も仕事《しごと》で早《はや》いんやではよ休《やす》み。
おばあちゃん代《か》わんで。
ゼェゼェっ
—…っ
もうイヤや苦《くる》しい…っ
息《いき》…!!
息《いき》 吸《す》いたいよう…!!!!

JEANS SHOP
お父さん
これ見て!!
バサッ
京都《きょうと》の有名《ゆうめい》な
お医者《いしゃ》さんが
言《ゆ》うてる!!
注射《ちゅうしゃ》で発作《ほっさ》を
おさえるより、
四日市から
離《はな》れた方が
いいって…!!
がしっ
…引《ひ》っ越《こ》そう。
空気《くうき》がキレイな
町《まち》に——…。

1972年5月—・・・
三重《みえ》郡《ぐん》菰野町《こものちょう》
もーーっ!!
兄《にい》ちゃん早《はや》く
おきてよーっ!!
ちこくするーっ!!
ピコ ピコ ピコ ピコ
あーもーっ!!
分かったってば!!
おきるし!!
Zzzz…
ダッ
行ってき
まーーす!!

体《からだ》しんどなったら すぐ先生《せんせい》に 言《ゆ》うんやにー!
はーい!
ブロロロ…
やっぱ菰野町《こものちょう》に 家建《いえた》てて良《よ》かったな。 日当《あ》たりも風通《かぜとお》しも 一番良《いちばんい》い場所《ばしょ》に 尚子《なおこ》の部屋《へや》作れたし。
尚子《なおこ》… あんなに はしゃいで…。
うちらは きばって 働《はたら》かんと!!
さっ!
ばしっ
四日市市立中部西小学校
あーっ!! こっこやー!! 久《ひさ》しぶりー!!
ぜんそく 大丈夫《だいじょうぶ》!?
うんっ!! 引《ひ》っ越《こ》してから 全然《ぜんぜん》 発作《ほっさ》 出《で》やへん!!
すごーい!!
良《よ》かったー こっこが転校《てんこう》 せんくて。
でも… 菰野《こもの》から 通《かよ》うんやろ? 大変《たいへん》やなぁ。
バスやし、 兄《にい》ちゃんおるで 大丈夫《だいじょうぶ》!!

キーン
コーン
どんっ
お前《まえ》ら全員《ぜんいん》
ぶったおす!!
かかってこい!!
スパアーン
いけーっ
負かしたれーー!!
はい、次《つぎ》の人～!
もっとゆっくり
やってよー!!
くやしーっ
次あたしーっ!!
咳《せき》が
出やんって、
こんなに楽《たの》し
かったんや…。

ガチャ
ただいまー。
たたたたっ
おかえりーっ!!
ぼ
ふ
あんなっ
今日なっ
学校で
みんなで卓球《たっきゅう》
やってな、
ごめん・・・
ママ
疲《つか》れとんで
今度《こんど》にして。
ーー・・・
しゅん・・
最近《さいきん》それ
ばっかやん・・。

ザヴ
ザヴ
ズダダダ…
かしこまりました！
いつもありがとうございます！
谷田さーん！俺《おれ》に合うジーンズ選《えら》んでくれ〜！
すみませ〜んコレ下《くだ》さ〜い！
試着《しちゃく》したいんですけど‥。
サーー…
うん…。
こっこん家《ち》のお店《みせ》よう流行《はや》っとんなー。

ミーン
ミンミン
ミン…
林間学校《りんかんがっこう》…？
公害認定患者《こうがいにんていかんじゃ》の児童《じどう》が対象《たいしょう》なんよ。
関《せき》ロッジでやるんてさ。
なーおねがーい
これ行きたーい！
今まで 遠足《えんそく》も運動会《うんどうかい》もガマンさせてたし、これくらいええやろ？
やったぁー!!
せやなぁ。
それに‥
カサ…
裁判《さいばん》も勝《か》ったんやし、
原告側勝つ
四日市公害訴訟に判決
このまま公害《こうがい》も落《お》ち着《つ》くやろ。
ミーン
ミンミン
ミン
ジーワ
ジーワ
ジーワ

キャーッ
きゃっ
きゃっ
ひゃーっ
つめたぁー!!
パシャ
パシャ
きもちー
なあ!
——…
さ…っ
寒《さむ》いー…!!
‥尚子《なおこ》ちゃん?
大丈夫《だいじょうぶ》!?
顔色悪《かおいろわる》いよ!
出た方が
いいって!!
イヤや!!
だ…
大丈夫《だいじょうぶ》‥。
だってプール
初《はじ》めてなんやもん!

ボーン…
ボーン
ヒュー…
ヒュウゥー…
朝一《あさいち》で病院行《びょういんい》くで、もうちょっとだけ辛抱《しんぼう》してな。
ヒュー ヒュー…
コクッ
ほな悪《わる》いけど、おばあちゃんあとは頼《たの》むわ。
うん、おやすみ。
ゴホッケホッ
ヒュー…
ヒューッ
最近《さいきん》ちっとも発作《ほっさ》起《お》きやんだのになぁ…。
ぜぇっ ぜっ ぜっ
なんで!?
なんでまた…!
!?

い…っ
ヒッ
ヒュウ
いき…っ
で…っ
できな‥っ
ぎゅララ…
お父《とう》さんお母《かあ》さん
起《お》きて…!!!!
!?
どうした!?
な‥っ
尚子《なおこ》の様子《ようす》が‥
ダッ

ドサ
尚子《なおこ》・・・!!
!!?
ぜェ…
ぜェ…
とう・・さん・・
ちゅうしゃ・・・・
びくっ
き・・・
救急車《きゅうきゅうしゃ》・・・
あかん間《ま》に合《あ》わん
俺《おれ》が連《つ》れてく！
早《はや》く!!!!
?
輝子《てるこ》車《くるま》のカギ
持《も》って来《こ》い!!
―・・・っ

シュー…
シュー…
…尚子《なおこ》!!!
菰野町《こものちょう》に引《ひ》っ越《こ》してから4ヶ月、
四日市公害裁判《こうがいさいばん》の勝訴判決《しょうそはんけつ》から1ヶ月後《ご》の9月2日——…

尚子《なおこ》は
わずか9歳《さい》で
この世《よ》を去《さ》った。
死因《しいん》は ぜんそくの
発作《ほっさ》が引《ひ》き起《お》こした
心臓麻痺《しんぞうまひ》だった。
お医者《いしゃ》さん‥ ぜんそくで 死《し》なん言《ゆ》うた やんか・・・!
裁判《さいばん》だって‥ 勝《か》ったのに・・・!
・・・なんでっ
なんでなん‥?
せっかく 引《ひ》っ越《こ》したのに・・・
なんで尚子《なおこ》が 死ななあかんの!!
ゴオオオオ‥

うちんとこの工場《こうじょう》
これからどうなるん
やろなぁ…。
でもやるしか
ないやろ、
公害対策《こうがいたいさく》。
――…
上司《じょうし》には
よう言わんけどさ、
実《じつ》は俺《おれ》の息子《むすこ》…
ぜんそく
っぽいんやわ。
――…やから
判決《はんけつ》出《で》た時《とき》、
正直《しょうじき》…、
ほっとしたんよ。
――…
谷田《たにだ》さん、
今日も俺《おれ》に合う
ジーンズ
選《えら》んでくれんか？
――‥いつも
ありがとう
ございます…。
ぎゅ…っ

裁判《さいばん》の判決後《はんけつご》も、工場《こうじょう》からはすぐに煙《けむり》は消《き》えなかった。
しかし、国《くに》や県《けん》や市《し》は公害《こうがい》を防《ふせ》ぐための法律《ほうりつ》やきまりを作《つく》り、
コンビナートでは努力《どりょく》と研究《けんきゅう》を積《つ》み重《かさ》ね、公害防止装置《こうがいぼうしそうち》を設置《せっち》。
煙突《えんとつ》の煙《けむり》はほとんどが水蒸気《すいじょうき》になり、
現在《げんざい》、四日市のコンビナート装置《そうち》は、
世界最高水準《せかいさいこうすいじゅん》を誇《ほこ》っている——…。

JEANS SH
いつの間にか
ママはすっかりおばあちゃんになって、
パチパチ
兄ちゃんはお店《みせ》を継《つ》いだ。
ダダダダ…
ー…でも
こっこは…
40年経《た》っても…
ずっと9歳《さい》のままや——…。

なんでなん？
空《そら》はとっくに
青空《あおぞら》になったのになぁ…。
―…え？
私《わたし》がですか…？
ええ…。四日市公害《こうがい》の“語《かた》り部《べ》”として
小学校の子供《こども》たちに尚子《なおこ》ちゃんの話《はなし》をして頂《いただ》きたいんです。
…あの
ちょっと
考《かんが》えさせて下《くだ》さい…。

どうするん？
語《かた》り部《べ》の話《はなし》‥。
私《わたし》‥‥人前《ひとまえ》で
公害《こうがい》のことなんか
絶対《ぜったい》よう話《はな》せん！
あの日のこと‥
思《おも》い出すだけでも
辛《つら》いのに‥‥っ!!
—‥‥それに
知《し》らんもん
私《わたし》——‥‥。
ぎゅ‥‥っ
毎日毎日《まいにちまいにち》
仕事《しごと》ばっかで
尚子《なおこ》の面倒《めんどう》‥‥
全部《ぜんぶ》‥‥
おばあちゃんに
見てもろて‥‥っ
誰《だれ》かに何《なん》か
話《はな》せるほど‥っ
私《わたし》 尚子《なおこ》のこと
知《し》らんもん!!

——…っ
…仕事《しごと》なんか
休《やす》んで——…
もっと尚子《なおこ》と
一緒《いっしょ》におってやれば
良《よ》かった——…!!
…なんで
自分《じぶん》ばっか
せめんの‥？
40年も、
ずっと…。
ママはせっかく
生きとんのに…。
ママ…いっつも
言《ゆ》うとったやんか‥
「これ以上《いじょう》尚子《なおこ》を
苦《くる》しませたくない」
って——…。
こっこだって‥
こっこだって…っ

これ以上《いじょう》ママに苦《くる》しんで欲《ほ》しくないよ!!!!
はあっ
はあっ
はあっ
―…っ!!

チュン
チュン
チュン
そういや遺品整理《いひんせいり》、今までしたことなかったなぁ‥。
あ～腰いた…
ガサガサ
三重県産
よいしょっ
ドサッ
三重県産
ペラ…
一‥尚子《なおこ》
こんなん描《か》いとったんや‥。
ピタッ

…こっこの、
8月9日月ようび
昨日の4時ごろに
にいちゃんが
ぶどうがりか
って来た。わた
にいちゃんに
ないしょでおやつの
すいかを食べてい
ところを見つけ
られました。
8月10日火よう
絵日記《えにっき》…？
ぎゅっ
…あんな、
こっこな、
もっとなわとびとびたかった…。
げんきになりたい
兄ちゃんとあそびたかった。
もっと…
日のよるか
くるしんだの
ざんねんでし
らい年は行
国語係《こくごがかり》にもなりたかったし、
かえたし22日か
ぜんそくのほっさが
でたのではじ
からやるの

ママとの思《おも》い出が
全然《ぜんぜん》なくて、
日記《にっき》にすら書《か》けん
かったけど、
ほんとは…
ほんとは…
…ママと、
もっと
話《はな》したかった‥。

…こっこ、
もっと生きたかったよぅー‥。
ぎゅっ
尚子《なおこ》にも…
伝《つた》えたいことがある…。
…私《わたし》にも、
私《わたし》にしか言《い》えやんことがある——…。

2013年11月
四日市市立《しりつ》
下野《しもの》小学校
みんな、小学４年生なんやねぇ。
〝四日市公害〟を聞こう
語り部 谷田輝子さん
尚子《なおこ》が亡《な》くなった歳《とし》とおんなじ‥。
尚子《なおこ》がもし生きてたら51歳《さい》やで、もうおばちゃんやわなぁ‥‥。
‥‥私《わたし》ね、
ずっとよう言《ゆ》わんかったんよ。
尚子《なおこ》がぜんそくで亡《な》くなったこと‥。
経営《けいえい》しとったジーンズ店《てん》に工場《こうじょう》で働《はたら》いとる人よーけ買《か》いに来てくれとったけど‥‥、
新《あたら》しく建《た》てた家《いえ》の借金《しゃっきん》もあったし‥‥
なんも言《ゆ》えんかった――‥‥。

…私《わたし》も、工場《こうじょう》の人もお医者《いしゃ》さんも
みんな、
最初《さいしょ》は分《わ》からんかった。
公害《こうがい》が、
命《いのち》をうばうなんて―…。
あなたたちに知《し》って欲《ほ》しい…
なんで今《いま》、青空《あおぞら》が広《ひろ》がっとるんか―…。
おんなじことをね、繰《く》り返《かえ》して欲《ほ》しくないの…。
だからね、

4-2
ザワ
ザワ
なぁなぁ
うちらってさ、
死《し》んだら
どうなるん
かな‥?
……
……
……
オレ、死《し》にたく
ないっ!!!!
だって死《し》んだら
一生《いっしょう》ゲーム
出来《でき》やんのやで!?
えー!!
イヤやー!!
マンガも
読《よ》めんやん!!
およめさんにも
なれやんの!?
ガーン
家族《かぞく》にも友達《ともだち》にも
一生会《いっしょうあ》えやんく
なるんやで!?
えーーっ!!?
…なんか、
そんなん…
悲《かな》しい…。
しゅん…
…なぁ、
「自然《しぜん》が
こわれる」って‥
うちらの毎日《まいにち》が
なくなるってこと?

四日市市松本《まつもと》
北大谷霊園《きたおおたにれいえん》
2014年9月
慰霊碑
え━･･･今年《ことし》の慰霊祭《いれいさい》では、
下野《しもの》小学校の生徒《せいと》さん達《たち》が作《つく》ってくれた、
絵本《えほん》を朗読《ろうどく》していただきます。
ザワ
ザワ
ザワ
ザワ
40年近く、母の輝子さんは
尚子さんのことをだれにも
話しませんでした。
しかし、最近尚子さんの
作文ノートなどが見つかり
作文ノート
日記

もし尚子《なおこ》さんが今、話《はな》すことができたなら…
きっと…
尚子さんの願い
こう伝《つた》えると思《おも》います。
公害《こうがい》を起《お》こさないで。
バサッ

悲《かな》しいことが…
ふえるから—…。
—…！
な…
尚子《なおこ》…？
あんた…
そこに
おったん…？

…ママ、
やっと…
目《め》ぇ合《あ》ったなぁ‥。

四日市市により
認定《にんてい》された
公害患者《こうがいかんじゃ》の累計《るいけい》、
2,200名《めい》以上《いじょう》
四日市公害《こうがい》の
苦《くる》しさのあまり
自殺《じさつ》した者《もの》、6名《めい》
自殺
公害病認定患者
また死の抗議
公害患者が飛び降
ぜんそく苦に自殺
「企業が憎い」と
親子二代の四日市ぜんそく
公害検診受付
…そして、
現在《げんざい》も370名以上《めいいじょう》の
四日市公害認定患者《こうがいにんていかんじゃ》が
暮《く》らしている。

※上記の数値は四日市市役所 環境保全課による、平成28年度5月末の統計データです。

ぜんそくの人ってまだいるの？
さぁ？おらんのっちゃう？
知《し》らんけど。
はぁ〜？
そんなんとっくの昔《むかし》の話《はなし》やしな!!
あの公害《こうがい》の？
—…え？
お前《まえ》四日市出身《しゅっしん》なの？
巨大地震M8.8
そういやさ‥東海地方《とうかいちほう》でも地震《じしん》起《お》きたら、
コンビナートってどうなるんかな？
ちょっと、怖《こわ》いこと言《い》わんといてよ〜!!
そんなん気《き》にせん方がいいって!!
なぁお母さーん
「四日市公害《こうがい》」って知《し》っとる？
あぁ〜…昔《むかし》、教科書《きょうかしょ》で習《なら》ったなぁ…
なんか流行《はや》ったんやろ？
ぜんそくが。

なんで公害《こうがい》起《お》こったん？
えっ
な…なんでやっけ…。
えー!? 知《し》らんの？
宿題《しゅくだい》で家族《かぞく》に聞《き》かなあかんのやけどー!!
えぇー!? そんなん言《い》われてもなぁ～…。
ん～…
じゃあ…
一緒《いっしょ》に調《しら》べてみよっか。
Coocle 日本
四日市公害
カチカチッ

いつの時代《じだい》も
私《わたし》たちの豊《ゆた》かな生活《せいかつ》の裏側《うらがわ》には、
様々《さまざま》な犠牲《ぎせい》が眠《ねむ》っている。
四日市市立博物館
プラネタリウム
四日市公害と環境未来館
その現実《げんじつ》を、
知《し》ろうとすること
「四日市公害を伝えるために」市民の
伝《つた》えていくこと

…そして、
共《とも》に向《む》き合《あ》うこと
それは―…
ダダダダ‥
目《め》に見《み》えない“イト”で

私《わたし》たちの空《そら》に
つながっている―…。

この物語は、関係者への取材をもとに制作しました。

取材協力

谷田輝子さん（尚子ちゃんのお母さん・四日市公害患者と家族の会代表）

谷田勝保さん（尚子ちゃんのお兄さん）

福井茂人さん、森純子さん、寺本晶子さん、諸岡光徳さん、永井恭江さん（尚子ちゃんの同級生）

澤井余志郎さん（公害を記録する会）

野田之一さん（四日市公害訴訟原告）

山本勝治さん（四日市再生「公害市民塾」・元コンビナート勤務）

伊藤三男さん（四日市再生「公害市民塾」）

深井小百合さん（テレビ新広島記者・元三重テレビ放送ディレクター）

鈴鹿青少年センターでリハビリを受けていた四日市公害認定患者の皆さん

四日市市役所

四日市公害と環境未来館

四日市市立下野小学校（輝子さんが初めて語り部に行った学校）

四日市市立中部西小学校（尚子ちゃんが通っていた学校）

鈴鹿青少年センター

アシスタント

私のお姉ちゃん

ご協力いただき、本当にありがとうございました。　矢田恵梨子

参考文献

伊藤三男編『きく・しる・つなぐ　四日市公害を語り継ぐ』（2015 年　風媒社）

公害地域再生センター（あおぞら財団）『大気汚染と公害被害者運動がわかる本』（1999 年）

阪倉芳一・田中敏貴『四日市公害と人権～忘れないように～』（2004 年）

澤井余志郎『ガリ切りの記　生活記録運動と四日市公害』（2012 年　影書房）

自治労四日市市職員労働組合『公害からの解放のために　四日市を市民の手に』（1967 年）

萩尾望都『かたっぽのふるぐつ』（1971 年）

樋口健二『はじまりの場所　日本の沸点』（2006 年　こぶし書房）

政野淳子『四大公害病　水俣病、新潟水俣病、イタイイタイ病、四日市公害』（2013 年　中央公論新社）

三重県化学産業労働組合協議会『三化協調査資料 No.10 公害と化学労働者』（1964 年）

三菱油化株式会社 30 周年記念事業委員会編『三菱油化三十年史』（1988 年三菱油化株式会社）

四日市異業種交流プラザ『マンガで綴る四日市ものがたり』（1993 年）

「四日市からのレポート　『尚子ちゃんはもうかえらない』」『こどもの光』（1972 年 12 月号）

『四日市公害記録写真集　四日市公害訴訟判決 20 周年記念』（1992 年　四日市公害記録写真編集委員会）

四日市公害記録写真編集委員会編『新聞が語る四日市公害　四日市公害訴訟判決 20 周年記念』（1992 年）

四日市公害と戦う市民兵の会『公害トマレ 3』（1971 年）

四日市市『四日市市史 第十九巻』（2011 年）

「ソラノイト」関連事項解説　［(p.) は本編内初出のページ］

1. 四日市公害　(p. 8)

1963年頃から四日市市南部の塩浜地域に発生した呼吸器疾患で、のちに「四日市ぜん息」と呼ばれるようになります。石油化学コンビナートからの排煙が原因。燃料である重油に含まれる硫黄分が燃焼によって亜硫酸ガスとなり、排煙と共に人体に侵入し呼吸器に疾患をもたらしました。1965年に四日市市によって「認定制度」が設けられ、「ぜん息性気管支炎」「気管支ぜん息」「慢性気管支炎」「肺気腫」の4つの疾患を「公害病」と指定、当該地域に3年以上居住する者を「認定患者」としました。市の認定制度は1969年に国の「公害健康被害救済特別措置法」へと移り、やがて1974年の「公害健康被害補償法」に引き継がれました。1988年の法改正により、大気汚染に関わる第1種は除外されました。

2. 四日市公害訴訟（p. 8）

1967年9月1日、四日市市の塩浜コンビナート周辺に居住する公害患者が、健康被害の損害賠償を求めて提訴、1972年7月24日に判決が出されました。原告は塩浜町磯津地区内の患者9名。被告はコンビナートの大手企業6社、昭和四日市石油・三菱化成・三菱モンサント化成・三菱油化・中部電力（三重火力発電所）・石原産業。判決（米本清裁判長）は全面的に原告側の言い分を認め、総額8,900万円の損害賠償の支払いを命じました。被告側は控訴を断念し1審で確定。判決は原告の発病原因は被告企業の排煙中の亜硫酸ガスにあるとし、被告6社は連結した生産活動体制を形成しており「共同不法行為」と認定しました。企業は経済性を度外視してでも被害の防止に努めるべきであると指摘、さらに行政側には立地上の責任があるとしました。

3. 公害認定患者（p. 9）

公害による被害者が医療機関の診察を受け、指定された4疾病にあたると診断されて「認定患者」となります。症状の軽重によって等級に区別され規定の補償金が給付されます。原資は全国の企業からの拠出金が80%、自動車税からが20%。1974年に発効した「公害健康被害補償法」が基本法となっていますが、1988年に「大気汚染」は除外され、2016年5月現在、四日市市内には370名以上の患者がいます。

4. ぜん息発作　(p. 13)

「四日市公害」は呼吸器疾患であり主な症状としては「ぜん息」症の発作が現れ、呼吸困難に襲われます。息を吸うときよりも吐くときに苦しさが大きく、発作は昼間よりも深夜に激しくなることが多いため、睡眠不足による体力の消耗も大きいです。なお、大気汚染は四日市だけでなく全国に広がっていて、法による認定を受けた患者だけでも4万人に及んでいます。

5. 亜硫酸ガス　(p. 13)

化学式はSO2（二酸化硫黄）ですが、通称として用いられています。工場などで燃料として用いられる重油には硫黄分が含まれていて燃焼すると大量の亜硫酸ガスとなります。良質な重油であれば硫黄の含有量は少ないのですが、四日市公害は安価で悪質な重油（硫黄分3%）を使用していたために発生しました。

6. 公害反対運動　(p. 15)

訴訟支援のために「四日市公害訴訟を支持する会」が結成され、集会やデモ行進が行われました。教職員や市職員の労働組合が中心となっていましたが、市民グループとして「四日市公害と戦う市民兵の会」「公害を記録する会」「塩浜母の会」などの活動も活発に行われていました。

7. 戦争のための燃料を作る工場（海軍燃料廠《しょう》）(p. 17)

1921（大正10）年の海軍燃料廠令に基づき徳山（山口県）に最初の燃料廠を建設、1932年にはそれまでの石炭から重油製造に成功して工業化が進められました。1938年には戦争の拡大とともに新たな燃料廠建設が必要となり、用地確保や水深の条件を満たすとして同年12月四日市に決定。燃料廠は全面的な操業ができないままに1945年6月米軍の空爆によって生産設備の50%が壊滅状態となりました。

8. 石油化学コンビナート　(p. 17)

「コンビナート（kombinat）」はロシア語、英語では「petrochemical complex」。「一貫生産を目的として生産段階の異なる各種部門を1地域に系列的に集中させたもの（広辞苑）」。日本では1945年以降に石油化学産業の推進のために次々と建設されました。四日市の場合は戦時中の海軍燃料廠跡地が民間に払い下げられ、1955年から建設が開始。塩浜地区の第1コンビナートを皮切りに1963年には午起《うまおこし》地区の第2コンビナートが、1972年には霞地区の第3コンビナートが建設され操業を開始しました。

9. 公害を防ぐための法律　(p. 35)

国が定めた「公害対策基本法」（1967年施行、72年改正）や「大気汚染防止法」（1968年）などがありますが、四日市の場合は三重県の「公害防止条例」が大きな効力を発揮しました。「総量規制」といわれるもので地域全体に規制の網（SO2濃度0.017ppm以下）を掛け、地域内の工場毎に排出基準を設定し、監視体制を強化しました。

10. 公害防止装置　(p. 35)

大気汚染の防止のためには、重油に含まれる硫黄分を除去するための「脱硫装置」が必要です。重油そのものから取り除く「重油脱硫」と排煙からの「排煙脱硫」があります。公害訴訟を契機として開発が進められました。四日市では約5年かけて「総量規制」規準に達しました。

11. 四日市公害の語り部　(p. 37)

四日市公害の歴史や患者の苦しみなどを後世に語り継ぐために、1980年頃から澤井余志郎さんによって始められました。のちに原告患者であった野田之一《ゆきかず》さんや元コンビナート労働者の山本勝治さんらが加わって小学校への「出前授業」を続けましたが、2015年「四日市公害と環境未来館」開館以降は、館内の「研修室」で行われています。

12. 慰霊祭（四日市公害犠牲者合同慰霊祭）(p. 48)

1977年10月に「四日市公害認定患者の会」が市の霊園に慰霊碑を建立し翌年から毎年実施。2014年からは「四日市公害患者と家族の会」と四日市市の共催となり9月下旬に開催されています。

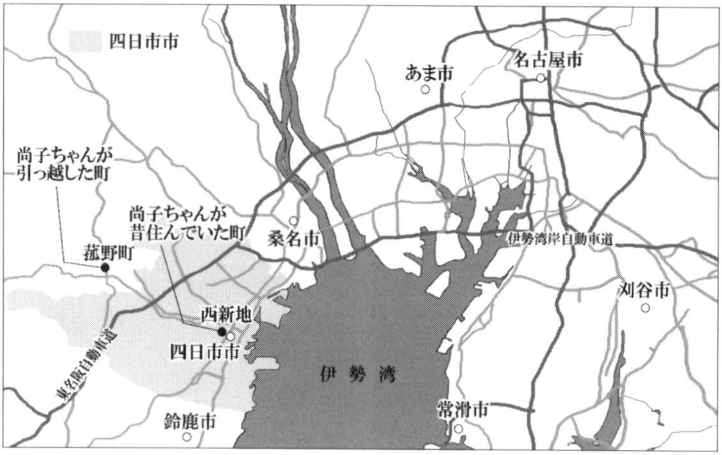

©OpenStreetMap contributors

地図１　現在の四日市市（広域）

地図１について

・四日市市は三重県北部に位置し、JR及び近鉄名古屋から約30分。国道は23号線（名四国道）が近い。石油化学コンビナートは沿岸部に建設されている。

・谷田尚子ちゃんが四日市ぜんそくの転地療養のため、コンビナートに近かった西新地《にししんち》から引っ越した菰野《こもの》町は西方約11㎞にある。小学校は転校せず遠距離通学をしていた。

地図２について

・四日市公害裁判の原告となった認定患者９名の住む磯津地区は、塩浜町の一部だが鈴鹿川を挟み第１コンビナートの対岸にある。加害責任が明らかだとして第１コンビナートの６社を訴えた。

・尚子ちゃんが住んでいた西新地は第２コンビナートの影響が強かったと考えられている。

・第１（塩浜）・第２（午起《うまおこし》）コンビナートは民家に隣接していたため、四日市公害裁判進行中にできた霞地区の第３コンビナートは出島方式で建設された。

・公害健康被害補償法（1974年９月施行）に基づく指定地域は1988年の法改正によって解除された。楠《くす》町は当時すでに「もらい公害」として地域指定されていたが、「地図２」では四日市市への合併以前のため白地のままである。

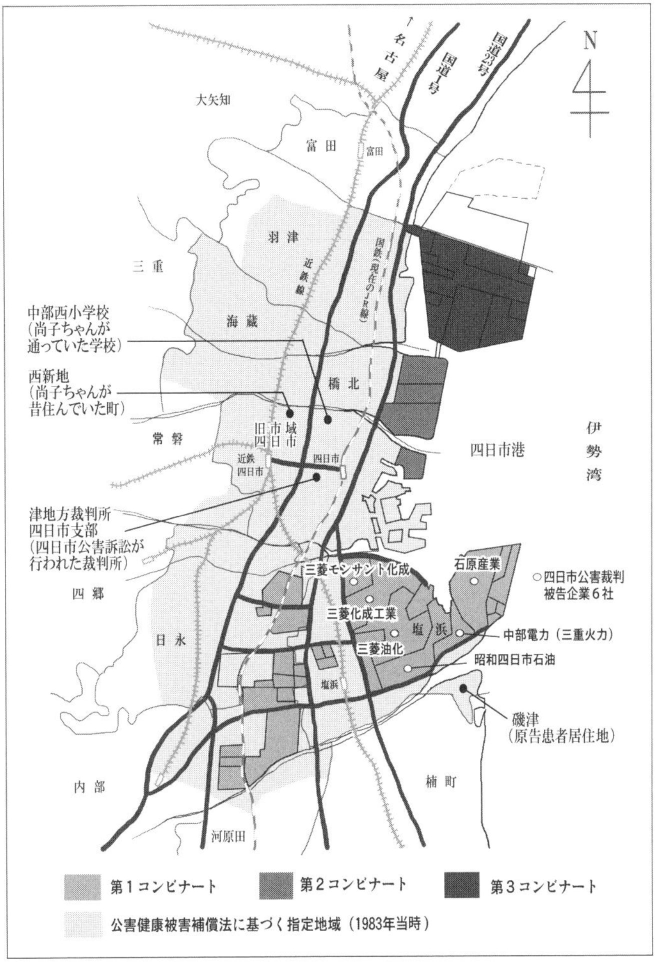

地図2　1983年当時の石油化学コンビナート

参考文献

『四日市公害記録写真集　四日市公害訴訟判決20周年記念』（1992年　四日市公害記録写真編集委員会）

『四日市の工業』（2015年　四日市臨海部産業活性化促進協議会）

「ソラノイト」関連年表

年	出来事
1955（昭和 30）年	塩浜地区の第 2 海軍燃料廠跡地への民間払い下げが昭和石油などに決定。国の政策（国策）による石油化学コンビナートの建設が行われることとなりました。
1959（昭和 34）年	昭和四日市石油が本格的な操業を開始。順次三菱グループ（化成・モンサント化成・油化）が操業を開始し、「塩浜コンビナート」を形成。「第 1 コンビナート」といわれています。
1961（昭和 36）年	この頃から塩浜町内（特に磯津地区）を中心にぜん息症状の患者が多発しはじめ、町内の開業医や県立塩浜病院で診察を受けるようになりました。
1963（昭和 38）年	四日市港周辺の沿海部に異臭魚が発生し、東京の魚市場などからの受け入れ拒否が相次ぐようになりました。6 月になって、原因が近隣工場にあると考えた漁業者が中部電力三重火力発電所の排水口を塞ごうとの実力行使に出ました。警官も出動する騒ぎとなりましたが地域自治会長の仲介で実行するには至りませんでした。また、午起《うまおこし》の第 2 コンビナートが操業を開始し公害問題が拡大するようになりました。
1965（昭和 40）年	四日市市が独自に「公害認定制度」を設け、4 つの疾患について「公害患者」と認定して医療費を無料としました。
1967（昭和 42）年	9 月 1 日、磯津の公害認定患者 9 人が原告となって、第 1 コンビナート 6 社（昭和四日市石油・三菱化成・三菱モンサント化成・三菱油化・中部電力・石原産業）を被告として損害賠償を求める訴訟を提起。12 月 1 日に第 1 回口頭弁論が行われました。また前日には支援組織として「四日市公害訴訟を支持する会」が発足しました。
1968（昭和 43）年	10 月に「四日市公害認定患者の会」発足。会長に山崎心月さんが就きました。

1971（昭和 46）年	6月30日、富山イタイイタイ病訴訟の判決。原告勝訴。被告は三井金属鉱業。 9月29日、新潟水俣病訴訟の判決。原告勝訴。被告は昭和電工。
1972（昭和 47）年	2月に霞ヶ浦地先が埋め立てられ第3コンビナートが操業を開始しました。 7月24日、四日市公害訴訟の判決。原告勝訴。被告6社は控訴をせず1審判決が確定し、総額約8,900万円の賠償金が支払われました。 9月1日、磯津における原告以外の認定患者による被告6社との直接交渉が始まりました。 **9月2日、四日市市内の小学校4年生谷田尚子さんがぜん息発作のため亡くなりました。** 11月30日、直接交渉は6社が患者140名に対し、総額5億6,900万円を支払うことで終結しました。
1973（昭和 48）年	3月20日、熊本での水俣病訴訟の判決。原告勝訴。被告はチッソ（新日本窒素）。 4月、「四日市公害訴訟を支持する会」が発展的に解消しました。
1974（昭和 49）年	9月に「公害健康被害補償法（公健法）」施行。
1988（昭和 63）年	2月に「公健法」改正により四日市市が公害指定地域から除外されました。
2015（平成 27）年	3月に「四日市公害と環境未来館」開館。 四大公害訴訟といわれる「水俣病」「新潟水俣病」「富山イタイイタイ病」「四日市ぜん息」を争った各地のなかで、四日市市だけは長年「公害資料館」がありませんでした。判決から20年ほど経った頃から澤井余志郎さんを中心にして資料館建設の要望が出されてきましたが、歴代市長の下では実現されませんでした。ようやく2008年、田中市長が誕生することによって資料館建設の方針が打ち出され、既設の四日市市立博物館を全面リニューアルすることによって設置されました。

第2部
マンガでつながる人たち

あらまし

ここではマンガ「ソラノイト」に直接関わった人たちの想いを伝えています。

マンガのもう１人の主人公でもある谷田輝子さんからは、公害がひどかった当時の四日市の様子や尚子さんに対する彼女の想いがうかがえます。輝子さんが長い沈黙を破り尚子さんのことを語ろうと思ったのはなぜなのでしょうか。

国際基督教大学の授業では、マンガを翻訳するというプロジェクトを試みました。その一環として矢田さんの講演が企画され、授業を履修していた者をはじめとした多くの学生が参加しました。講演にはベヴァリー・カレンさんと岡本早織さんが関わっています。矢田さんが尚子さんのことをマンガにしようと思ったいきさつや、「ソラノイト」に込めた思いを知ってください。

最後の文章には若い世代に伝えたいという矢田さんの想いが綴られています。マンガを使ったワークショップを開催するなかで考えた人とのつながりの大切さや、マンガの可能性について言及しています。

第二部の読了後、ぜひ「ソラノイト」をもう一度読み返してみてください。きっと、マンガの１コマ１コマから以前より多くのメッセージが読み取れることに驚くはずです。

尚子ちゃんが残してくれたもの

対談：谷田輝子・田村銀河

2016年1月30日、NHK四日市支局記者田村銀河さんが、マンガの主人公である谷田尚子さんの母・輝子さんに、尚子さんとの思い出や四日市の当時の話などをお聞きしました。お話をうかがった場所は菰野《こもの》にある輝子さんのご自宅です。

●ジーパン屋を始める

田村：あのマンガには尚子ちゃんの普段の生活と、輝子さんの忙しかった生活が描かれていると思うんですけど、まず、どういう経緯でジーンズショップをあそこで開いたんですか。

谷田：私とこは、もともと洋服屋さんで背広などをやってたんですが、問屋さんがジーパンをやってみたらっていうんで、ジーパン屋を始めたの。

田村：それは輝子さんがいくつぐらいのときでしたか。

谷田：30ぐらいかな。

田村：尚子ちゃんが生まれてちょっとしてから？

谷田：そう、それでやり出して。ジーパンを誰も1本ももってなかった時代。そんなんをはいたら失礼とかゆう時代やったけどね、やりだして、1日に5本、7本売れた。売れたものについてはその場で確実にお金が入る。私が長さを測って、ミシンも自分でやって。確実なことをやるために、背広は完全にやめたの。

田村：その店の中で、輝子さんは仕事の分担としては寸法を測って……。

谷田：結局全部私がするわけよ。たまに主人が手伝うけど。

田村：店員さんは何人ぐらいいたんですか。

谷田：私とアルバイトの女の子1人。そ

谷田輝子さんと田村記者

れで売れる日は1日に30万、40万。だからね、ミシン触ると針、やけどするぐらい熱くなってた。

田村：ずっと動かしてたんですね。

谷田：そうそう。そんで始めは足踏みだったんね、ミシンは。中途で電動に代えた。

田村：夜とか、何時ぐらいまでやってたんですか。

谷田：10時には開けて、夜は8時ぐらいまで。364日、1日だけ休み。だってお客さんどんどん来るんですもん。

●お客さんと話す暇もない

田村：よく売れたんですね。買ってるのは若い人なんですか。

谷田：ううん、会社行ってる人。三菱油化とか。制服着てる人たちが、背広みたいなズボンはいていかんでも、それで行ったらいいやんか。

田村：当時は、コンビナートの企業が増えてたり、人を増やしていた時代……。

谷田：そう。子どもがいるようなおじさんも、1本は休みの日にジーパンをはきたいという時代にあたって、最初はだまされたと思ってやったけど、売れだしたし、確実にお金が入ってきたわけ。

田村：そういったなかで、どういうこと話していたんですか、お客さんと。

谷田：忙しくってお客さんとしゃべってる時間ないもん。そやけど制服でわかるやん。制服で会社がわかるやろ。作業着で。みんな会社の帰りに買いに来たりしてたから。

田村：当時は町の人とどういうことを話していたか、記憶はありますか。

谷田：町の人との付き合いはまったくない。まして私こちらの学校出てないもん。小学校だけちょっと四日市で出たけど、あとはもう京都でしょ。だから友達もいないし。出ていってしゃべることもない。

田村：仕事が忙しかったと。マンガのなかにも尚子ちゃんにかまっている暇がなかったと。

谷田：ないない。今日はどうって、必ず私が夕方電話するだけ。調子がいいときは（電話に）でてきて、大丈夫って言いよった。よかったねって。

しんどいとでるのいややって言ってるって、おばあちゃんが言いよるの。

田村：ぜんそくのことも気になっていたんでしょうけど、やっぱり仕事をせざるをえなかったというのは、店を支えてるという思いがあった……。

谷田：そう。だって、お客さんがどんどん来るんですもん。12月31日なんか、もう頼むから帰してくださいゆうぐらいお客さんがみえるわ。正月には着たいからってゆうし。もう店終わってからも働いている人たちが買いに来るんで、なかなかうちに帰らしてもらえんかった。

田村：8時に閉めて、それで帰れるわけじゃないんですね。やっぱり忙しかったのもあるので、尚子ちゃんにも構いたいけど構えない、悔しい気持ちがあった……。

谷田：それはもう悔しいっていうか、かわいそうやけどみてやれへん。

田村：コンビナートができた当時は、四日市はまだ戦争を引きずっていて暗い感じだったんですか、それとも盛り上がっていたんですか。

谷田：すごく貧乏よ、みんな。貧乏でそんなぜいたくはしてないようやけど、高度成長期で町は活気がすごかった。だからね、高いもんは売れてへんけど、安い店屋さんが今の一番街をぜんぶ仕切ってて、みんな商売屋さんは儲けてた。

●尚子ちゃんが亡くなってから

田村：マンガのなかでも、尚子ちゃんが亡くなったあともコンビナートの人相手に、まだ商売を続けなければならないというところが、仕方がないとはいえ、けっこう読んでる人はショッキングというか……。

谷田：でも、尚子が亡くなったから止めるっていうたら、うち食べていけへんし、お客さんも困ると思うの。私やから、おばちゃんがやってる店やからってゆうて、みんな買ってくれてたし。

田村：企業側に恨み言とか……。

谷田：あったけどね。でも、その人らは働いているだけやもん。

田村：そうですよね。向こうのトップっていうわけではないし。

谷田：それにね、殺されたってことはあったとしても、生活するので精いっぱいと、悲しさいっぱいで、誰がどうのっていう気持ちはあんまりなかった。たとえば社長が買いに来ても、あたし文句言わなかったと思う。もちろん主人はすごい怒ってたよ。主人はしょっちゅう怒って、いろんな会合に出てたから。あたしはもう黙って、ひたすら仕事をやってたわけ。神さんは若くして子どもを奪っていったけど、商売の力を与えてくれたんかな。だから、商売で忙しかったおかげで悲しさが半減してた。

●漫画家矢田さんとの出会い

田村：ここで、矢田さんとの話をしていただきたいんですけど。矢田さんと初めてあったときとか、今度のことで取材させてくださいと言われたとき、どういった気持ちでしたか。

谷田：はじめ私の講義に出てきてくれて、紹介されて。そのときは漫画家って言われて、そうってゆうぐらいやったけど。結構熱心に家まで来てくれて、だんだん親しくなって。私んとこ描いてくれるなんて夢にも思ってへんかったけど。素直で一所懸命やし、頑張り屋やね。わりと押すとこ押してくし。これはもう協力せなあかんなあと思った。

田村：途中でテーマを尚子ちゃんに絞りたいって、輝子さんに話をしたと思うんですけど。そのときはどういう気持ちで受けましたか。

谷田：尚子のことは、私はこのまま消えてくと思っていたし、自分なりの悲しみだけでと思ってたけど、あの人がマンガで残してくれるちゅう。そりゃあうれしかったわな。若い人でそうやってしてくれるちゅうことは。

田村：マンガっていうのも初めての経験ですよね。

谷田：そうです。だって私らの時代はね、悪いんですけど、マンガ読んだら馬鹿になるっていわれていた時代やったんです。だけど、マンガがいかに若い人たちに読まれているかが最近わかってきた。

田村：それは、若い人たちに尚子ちゃんのことを知ってほしいということですか。

谷田：もちろんそう。この前テレビの取材で夜景クルーズを見に行ったときに、あたしが思わずあの光を見て涙やなっていうようなこと言ったでしょ。実際、きれいでね。せやけどそれがちょうど泣いてる涙のように見えるのよ、あの光が。普通の人はきれいやなっていうかわからんけど、あれ見ると涙が出てくる。尚子たちの涙が電気になって照らしてるようで、私のことを忘れないでといってるような気がしたもん。

●伝えていきたい

田村：だからこそ、もっと伝えていかないとって。

谷田：そう。だから、なんでもね、何かがあってこうやって成長するんやから、いいことだけと違って、いろんなことがあるんよということを。必ずそこには犠牲者がいるんよということを知ってもらいたい。

田村：最初は話していこうという気はなかったと思うんですが、若い人たちに伝えたいと思ったのはどういうきっかけだったんですか。

谷田：いろいろ（取材で）聞かれて、私の心の底にあるものを掘り出されてきた。言ってはいけないとは思ってなかったけど、1つは思い出したくなかった。人間てね、どういう死に方したんって聞かれるのが1番つらいんやわ。聞かれてそのときの場面を思い出すのがとってもいや。

田村：死んだこと思い出すのがつらいなかでも、話していかなければならないと思った。若い世代に知ってほしいっていうのは、それは四日市の若い人に知ってほしいってだけじゃなくって……。

谷田：だって、四日市だけで収まっていればいいやんか。全国にいろんな人がいるんだから、全国の若い人たちに、こういう人たちいるのよと。

田村：僕たちの世代もたしかに四日市公害は大変だったなと勉強すればわかりますが、それをじゃあ何に生かしていけばいいのかというか、どうそれをつないでいけばいいのか……。昔の悲しいことを知ったところで、明確な行動ができるわけでもないし。若い世代に尚子ちゃんのことを知ってもらって、次にどうしてほしいというか……。

谷田：今、現実に中国とかインドなんかでも（問題が）あるでしょ。知らないだけで、ようけ死んでると思うの。だからそれを日本だけと違うってみんなに言って、若い人にはこういう人もいるんやから、なるたけ公害なんかないようにしてもらいたいわなあ。第2、第3の犠牲者ちゅうのは作らないでええ。

田村：悲しさもあった反面、こうやって逆に子どもたちに経験を話す機会があったり、尚子ちゃんがそういう意味ではつないでくれた部分がある？
谷田：すごく。だからね、私はしあわせ。それが言えるようになっただけ。

●尚子ちゃんの贈り物

田村：話せるようになってよかった……。
谷田：もちろん。こういう子がいたっちゅうことを話せることは、尚子の供養でもある。そんな当事者だけじゃわからんということではなしに、一般の人もわかってくれるちゅうことは、不幸中の幸い。尚子は不思議な子。尚子は家族に悲しみを与えたけど、光も与えてくれて。あの子がいなかったら、私は普通のおばあさんで人生終わっていくはずだった。悲しい思いをせんでもよかったかわりに、平凡に終わっていくんだったけど。あの子がこうやって言うてほしいって言ってるんと違うかなあ。おかあちゃんしゃべりなさい、ママしゃべりなさいって言っていると思うね。自分は亡くなったけど。あの子のことやから、いっぱいいるよって、知らないところにいっぱい（自分みたいな子が）いるよっていうことを言ってると思うのね。

話をする谷田輝子さん

田村：知らないところっていうのは。
谷田：だまって亡くなっている人もいるし、自分が苦しいだけで亡くなっている子もいるし、まだまだあの子に続く子が世界中にいますやんか。それを助けることができない親たちがいっぱいいると思うの。あの子がそういうことを私に言わせることによって、違ってくるような気がするけどね。
田村：この先も話していきたいと。
谷田：話ができる間はね。できるだけ知らない人に関心をもってもらいたいわな。とくに、若い世代に知ってもらって、伝えてほしいわな。日本だけと違うよ、世界に向かって伝えていってほしいよ。
田村：はい。今日は長い時間、本当にありがとうございました。

四日市公害と私をつなぐもの

矢田恵梨子

ここに収録されているのは、2015年12月17日に国際基督教大学の授業の一環として行われた矢田恵梨子さんの講演をまとめたものです。「ソラノイト」学生翻訳プロジェクトを実施するにあたり、公害がひどかった時代を知らない若者である矢田さんが、なぜ四日市公害のマンガを描いたのかについて語ってもらいました。なお、司会は編者の池田理知子が務めました。

●「メディア」としてのマンガの力

まず、私がなぜマンガ家を目指すようになったのかについてですが、小学生のときからマンガを描いていて、単純に好きという理由だけでマンガ家を目指していました。私が高校2年生のときに、翌年京都精華大学に「マンガ学部」が開設されることが新聞に載っていて、そこに行きたいということで、受験対策として、高3になって慌てて美術部に入りました。そのときの顧問の先生に「絵がうまいだけでは生き残れない。あなたはマンガで何を伝えたいの」と聞かれて、それまで考えたこともなかったんですけど、初めて「何を伝えるのか」を意識するようになりました。

先生の言葉をきっかけに、ドラッグなどの社会問題を発信しているマンガ（ももち麗子さんの『問題提起作品集』）を中学のときに読んで、ものすごく衝撃を受けたことを思い出しました。マンガは娯楽としてだけではなく、「メディア」としても強い力があることを初めて知り、いずれはそういうマンガを描けるようになりたいと考えるようになりました。

●突きつけられた四日市公害の本当の姿

私は四日市で生まれ育ちましたが、公害については全然関心がなくて、小学校で習ったなという記憶しかありませんでした。私にとって、四日市のコンビナートはただの風景でしかありませんでした。京都精華大学に進学して地元を離れたのですが、四日市出身というと「ああ、公害の」と言われることが何回かあり、その度に「昔の話やし、今は大丈夫」と、何も知らないのに言っていました。そもそも小学校の授業以降は、誰かから教えてもらったり、公害を知るようなきっかけはまったくなくて。私のなかで四日市公害は「過去の事」で、教科書のなかの出来事として完結していました。

私は今27歳なのですが、24歳のときに四日市公害についてのドキュメンタリー『ツナガル』(三重テレビ制作)を見て、自分が地元のことを何も知らなかったことに衝撃を受けました。戦後の復興のために国策で四日市にコンビナートがつくられ、住民たちも大歓迎でそれを受け入れたこと、そして戦後初めての大気汚染による集団疎開で、「平和町」という町が消滅してしまったことを知って驚きました。

そして、公害認定患者は累計2,200人以上にものぼり、そのうちの約半分の方が亡くなっていること(2016年5月現在で1,046人)、ぜん息で苦しんでいる患者さんたちが入院しながらも裁判所に通い、大企業相手に裁判に勝って青空を取り戻したことも知りました。今、目の前に広がっている青空は当たり前にあるものではない。今の四日市の環境は、多くの人びとの犠牲のうえにあるということを突きつけられました。

●公害マンガを“今”描きたい

ドキュメンタリーを見たことをきっかけに、単純に「地元のことをもっと知りたい」という気持ちが湧いてきて、四日市公害の講座に足を運ぶようになりました。公害を経験した人たちにたくさん出会って、犠牲者だけではなく、市民や企業や行政も、誰もがそれぞれの立場で葛藤していたことを知りました。学校の教科書には出来事の流れしか載ってないんですけれども、教科書の文章の行間には、いろんな想いが隠れていることに気づきました。

講座に通ううちに「いつか四日市公害のマンガを描きたい」と思うようになったのですが、難しい社会問題でもあるし、今の自分の表現力では絶対に無理、簡単に「描きたい」と言うことすら失礼だと思っていました。

でも、当時を知る人たちが高齢化し、亡くなっていくという現実もあります。今でも入退院を繰り返しながら、声もガラガラに嗄れているのに、私たちに必死に伝えようとしている人もいます。当時死に物狂いで闘ったのに、現在も闘い続けている。その姿をずっと見ていたら、描かずにはいられませんでした。今しか聞けないこの生の声を、何とかしてつなぎとめたい。「描くなら今だ」と思いました。

恵まれた時代に生まれ育った私には、当時の本当の苦しみはとてもわかりません。でも、当時の人びとの想いに寄り添ってみたり想像したりするなかで、今の時代だからこそ描ける表現も見つかるのではないかと思うようになりました。公害を知るためのマンガでなくていいから、公害に関心をもつきっかけになるようなマンガを描こう、と。ですから、この公害マンガは誰かから依頼されたわけではなく、自分自身が心の底から「今、描きたい」と思って描きはじめたのです。

●マンガの主人公、谷田尚子ちゃん

これが、四日市ぜん息による発作で、わずか9歳で亡くなった谷田尚子ちゃんを主人公にしたマンガです。当時の音声データは残ってないし、写真もすごく貴重な時代で、新聞記事などに残っている写真の尚子ちゃんしか、最初はわかりませんでした。尚子ちゃんのお母さんの輝子さんは、当時はずっと仕事で忙しくて、尚子ちゃんの側にいてあげることがあまりできなかったので、自分の子どもでありながらも、どんな子かわからなかったそうです。そこで、尚子ちゃんのお兄さんに取材させていただき、次のエピソードを教えてもらいました。

講演のようす

「夏の暑い日に、縁側で一緒にかき氷をつくったなぁ」って。当時はまだ冷凍庫の性能がよくなかったので、氷の固まるのが遅くて、冷蔵庫の前を行ったり来たり走り回りながら、何度も氷の様子を見たりして。一緒にかき氷機を回しながらカルピスをかけて、うれしそうに食べてたなあって。
その話をお聞きするまではモノクロの平面でしかなかった尚子ちゃんが、一気に色付いて、私のなかで動きはじめました。公害で亡くなった犠牲者というと、自分とはかけ離れた遠い存在にしか思えなかったんですけれども、彼女の日常やふとした感情を知るにつれて、特別な存在とかではなくて、どこにでもいるような普通の女の子だったということがわかりました。それによって、自分のなかですごく身近に思えるようになって、感情移入しながら描くようになりました。
2015年の9月にマンガを完成させて、「公害犠牲者合同慰霊祭」（63頁参照）で発表させていただきました。でも、その慰霊祭に来ていた方は、すでに何らかのつながりがあったり、公害に関心がある人たちなので、かつての自分と同じように公害にまったく関心がない人がこのマンガを読んだら何を感じるのか、すごく気になっていました。
ですから今回、国際基督教大学の授業のなかでこのマンガを英訳していただけるという話を聞いたときは、ものすごくうれしかったです。自分も当時のことを知らないけれど、さらに若い世代の学生さんたちが翻訳するなかで何を感じるのかとても気になります。

●それでも伝える理由

このマンガは2015年の4月から制作を始めたのですが、半世紀近くにわたって公害の記録をとり続け発信してきた澤井余志郎さんにも、たくさん取材をさせていただきました。残念ながら澤井さんは昨日お亡くなりになったのですが、公害の被害を一番受けた磯津という町を一緒に歩いたり、澤井さんのご自宅にも伺って、なかなか講座では語られないような、伝えていく人間の責任とか、苦しみや葛藤もお聞きしました。
マンガをいざ描くと決めたものの、私は何をどう伝えたらいいのか、どう表現すればいいのかすごく迷いました。大きな社会問題を発信していくなかで、当然さまざまな厳しい批判もありました。世の中に向けて発信するとどうしてもしんどいし、正直考えるのも嫌になることもありますし、日々の生活に追われてそれどころじゃなくなったりします。でも、発信することによって、人とのつながりが生まれ、「その先」に何があるのか見えてくる。だからこそ、伝えることから逃げてはいけないのだと思います。

●自分との“接点”

今年で四日市公害裁判の勝訴判決から43年が経ちましたが、尚子ちゃんのお母さんのように、40年以上経ってやっと当時のことを話せるようになった方もいます。ただ、それでもなかなか表に出てきてお話することができない方がほとんどで、四日市の青空には、まだまだ声にならないような行き場をなくした想いが、今も静かに眠っているんだなと感じました。

私自身もそうだったのですが、人って自分と関係のないものに対して、関心をもつことができないんだなって思います。私がそもそも1時間にわたる四日市公害のドキュメンタリーを見たのも、お世話になった同世代の女性ディレクターさんが制作して、「最初と最後の10分だけでも見てください」と言われてDVDをいただいて、それで見たわけです。結局、自分と四日市公害をつないだのは、「人とのつながり」でした。

そこからいろんな出会いが巡り巡って、今日この場でお話する機会をいただきました。今回のこの講演では「四日市公害と私をつなぐもの」というテーマでお話しましたが、これをきっかけに、皆さんが自分とつながるものって何なのかを見つめてほしいと思っています。

皆さんは「授業だから」という理由で今この場にいると思うのですが、偶然ここにいるというだけでも、1つの“接点”になるのではないかなと思います。なかには四日市出身の方とか、両親が工場で働いている方もいらっしゃるかもしれないし、親戚とか自分の身近なところに子どもがいる方は、もしその子が公害で亡くなってしまったら、自分はどう考えるだろうかとか想像してみてほしいです。

公害を過去のこととして切り離して考えるのではなくて、1人ひとりが、自分自身や今の世の中で起こっている出来事と照らし合わせたりして、ああこういう部分って今にもつながるよなとか、何らかの“接点”を自分なりに見つけていただけたらと思います。

ここまでマンガを描くに至った経緯を話させていただきました。四日市公害を取材していくなかでいろんなことを知ることになったのですが、知れば知るほど自分がいかに無知なのか痛感したので、これからも知ろうとすることや伝えていくことと、向き合い続けていきたいなと思います。

池田：この先は皆さんから質問・コメントをいただきたいと思いますが、その前にちょっと私の感想も含めてお話をしたいと思います。先ほどから、昨日お亡くなりになった澤井さんの話が出ていますが、私が澤井さんとお会いしたのは2010年でした。四日市に2回目に行ったときに澤井さんが車で第3コンビナートを案内してくださったことを覚えています。

そのときにいろいろ話を聞きながら思い出した人がいます。水俣病の患者に長年寄り添ってきた原田正純先生です。「なんで先生はそこまで患者さんに寄り添ってこられたのですか」と聞かれて、「それはもう見てしまった者の責任だから」ということを原田先生は繰り返しおっしゃっていました。それは、澤井さんも同じだと思います。そして今、同じように「知ってしまった者の責任」を果たそうとしている人がここにもいるのだということを感じました。

講演を聴く学生たち

最後に1つだけ私からのコメントですが、「青空の意味」ということがあります。地元では「青空は戻った」という人たちが多いのですが、私は四日市にとっては「よそ者」で、その「よそ者」が初めて四日市に行ったときにすごい「化学臭」がしたんです。そういうコメントをよそからきた人がすることは多いのです。空がきれいになったことは確かです。ひどかったときに比べると確かにきれいになっていますが、これから1人ひとりが「青空」の意味を考えていかなければいけないんじゃないかなと思います。

会場から①：マンガのフキダシが横書きになっているのですが、それに関して何か意図はありますか。

矢田：大気汚染は日本だけの問題ではありませんし、いつかは英語版ができ、世界中の多くの人たちに読まれるようになったらいいなという願いも込めて、公害マンガを描くと決めたときから、原稿は左綴じで横文字のセリフにしようと思っていました。なので皆さんが翻訳してくださるマンガが、これから先どうつながっていくのかとても楽しみです。

会場から②：今日の講演を聴いて、公害を過去のものだと思わずに今でもそれを記録していく、伝えていくことが大切なんだと理解しました。マンガの性質について質問があります。マンガはイメージ操作しやすいのではないかという点です。たとえば「小林よしのり」というマンガ家の表現は、敵対する相手をかなりひどく描いたりするんですが、見た目も悪く描いたりします。それで、別に疑っているわけではないんですが、このマンガもイメージ操作の1つとして使われてしまうんではないかというふうに危惧しています。そのことについてどう思われますか。

矢田：このマンガに描かれているのは自分の解釈です。もちろん絵の表現力によっては、伝え切れないものもあると思います。今回このマンガを制作するときに大事にしていたのが、知らないまま描くのではなくて、ちゃんと取材をするということです。それも被害者側の視点だけではなくて、当時コンビナートで働いていた方とか、裁判に携わった弁護士の方とか、いろんな立場の方の話を聞ける講座に参加したり、取材をして、偏った形に、たとえば現状よりもひどく企業だけを悪者にしたりとか、そういう表現にしたくないと思いました。

もちろん私の解釈で描いたマンガなので、これがすべてではないですし、これを読んだ方から指摘や議論が生まれると思うんですが、むしろ、それでいいというか、そうあってほしいというか。自分のマンガが完璧じゃないからこそ、他の誰かがもっと違う公害マンガを描いたり、マンガじゃなくてもいろんな表現をしてみようといった広がりも生まれると思うので。私が自分なりの表現で描いたからこそ意味があるのだと思います。

会場から③：タイトルについての質問です。『ソラノイト』にはどういう意味が込められているのかということと、なぜカタカナであったのかということについてお答えください。
矢田：まず『ソラノイト』というタイトルには、「青空」であるとか空の色に関係なく、自分たちの行動は、目に見えない糸で空につながっている、という意味を込めました。カタカナにした理由ですが、もしこれを漢字で書くとしたら「空の糸」となり、意味が限定されてしまいます。カタカナで書くことによって、日本だけではなくいろんな国の人たちが、「ソラ」とは何なのか、「イト」とは何なのか、ということを考えてほしかったからです。

会場から④：「知ってしまった者の責任」を果たすために自分の得意な分野で、より多くの人が四日市の問題について身近に思ってもらえるように、マンガという「メディア」を使って公表するということにすごく感動しました。質問ですが、これからこういう社会問題を題材にしたものを発表するのって、必ずしも世間から歓迎されるわけではないし、厳しい意見をもらうこともしばしばあると思うんですが、これから将来、何か自分の得意な分野でこういう問題を世間に知らせていきたいとか、「知ってしまった者の責任」を果たしていきたいと思っている人たちにコメントがあったらお願いします。
矢田：私自身も表現する前は、今の自分の未熟さで描いてしまうことが無責任じゃないかとすごく悩みました。でも、何がどこまで伝わって何が伝わらなかったのかは、実際に発信してみないとわかりません。なので、「今の自分」が純粋に感じたことをその都度伝え続けてほしいと思います。

池田：そろそろ時間になりました。矢田さん、今日はどうもありがとうございました。

「ソラノイト」学生翻訳プロジェクト

ベヴァリー・カレン

●公害を知らない学生

2015年の冬学期、国際基督教大学の「通訳・翻訳入門」を受講した総勢180名の学生が翻訳プロジェクトに参加した。翻訳される作品は、本書に収録されている矢田恵梨子さんのマンガ「ソラノイト～少女をおそった灰色の空～」である。グループでの取り組みとなった今回のプロジェクトで、約30の翻訳ができた。

今回のプロジェクトの目的は言葉を単に置き換える「訳」の練習というよりも、翻訳という作業を通して、何かを知りまた身体で感じることにあった。つまり、このクラスで重視しているのは、言語的な知識や技術ではなく、その作品に表現されている世界とどうつながっていけるかである。したがって、その作品のテーマに関する知識がまず必要となる。

当初、学生たちは四日市公害についてほとんど知らず、日本の公害問題の歴史に関しても教科書レベルの知識しかなかった。四日市にあるコンビナートの写真を見せても何かわからないといった状態だった。テキストに関する知識が不足している場合、翻訳することはできない。言い換えれば、翻訳とは自身の「わかる」と「わからない」を分別しながら認識を深めていく作業であるともいえる。

●マンガ翻訳の難しさ

マンガには、オノマトペが多用される。それによって、物理的には聞こえるはずのない音もまるで聞こえてくるかのような臨場感が生まれる。たとえば咳の音は、「コホコホ」「ゴホゴホ」「ゲホッ」っといった表現で軽い咳なのかひどい咳なのかの区別がなされているが、それを英語にどう訳すのか。今回の場合は、「cough cough」「COUGH COUGH」のように、大文字と小文字を使い分けることでその程度を表現したグループが多かった。

また、マンガに出てくる「かき氷」（本書10頁）をどう訳すのかは、文化的な差異をどのように表現するのかという問題につながる。英語文化圏では「かき氷」が日常の風景とはいえないため、「アイスクリーム」に置き換えるグループもあった。また、単に「kakigori」とローマ字表記し、絵と前後の文脈から読み取らせようとしたグループもあった。あるグループが行った訳を1例として載せておく。

翻訳されたマンガの一例

マンガのなかで「CALPIS」が「HALPIS」と表現されていたが、そもそも英語の読者は「CALPIS」自体が何かわからない可能性が高い。文脈から日本の夏文化をくみ取ってもらうしかないのだが、文字と絵で構成されているマンガは、文字情報のみのメディアよりは伝わりやすいのではないだろうか。

●翻訳されたタイトル

この本に収録されている矢田さんの講演を聴く前に、タイトルをどう訳すのかを学生たちと議論した。そのなかで出てきたのが、なぜ彼女が「ソラノイト」とカタカナで書くことにしたのか、サブタイトルで漢字の「空」を使ったのはどうしてなのかであった。その答えは講演録のなかにあるので割愛するが、学生たちから出てきた英語のタイトルの一部を紹介する。

「ソラノイト」に関しては、大きく分けて2つのパターンが見られた。1つはローマ字表記である。「Sora-no-ito」や「Soranoito」で、前者はハイフンで区切られているので発音しやすくなる。いずれにせよこのパターンの場合、作品のタイトルであることが強調され、日本の物語であることが響きから伝わってくる。もう1つは、あえて直訳に近い翻訳を選択したグループのものである。たとえば、「Sky Threads」。タイトルはあまり説明的でないほうがいいため、これで十分だと思われる。

サブタイトル「少女をおそった灰色の空」の翻訳はどうか。たとえば、「Grey Sky and the little girl」という訳は、「おそった」という言葉を省き、灰色の空と少女の関係に焦点を当てている。「少女」を省いて、「assault＝突然襲いかかる」という言葉を使うことで、「grey sky」の脅威を強調した「The assault of the grey sky」というのもあった。表紙に少女の絵があることを考えると、これで意味は十分伝わるはずだ。

●今回のプロジェクトで得たもの

今回の翻訳は、グループでの作業であった。したがって、グループ内のメンバーがどう訳そうとしているのか、自分の訳とどう違うのかを比べながら最終的な作品を仕上げるというプロセスを経たわけだ。多くの学生が、マンガから聞こえてくる「声」だけでなく、仲間からの「声」を聴くことで得るものが多かったというコメントをしており、グループで行ったこのプロジェクトは有意義であったといえる。

今回の受講生は日本語を母語とする者が多かったため、通常の翻訳とは逆方向の作業となった。翻訳を行う場合、翻訳者が得意な言語への訳がなされる場合が圧倒的に多い。その場合、翻訳元の言語で書かれた内容を「他者」として、それを自分たちの言語ルールにどう当てはめていくのかを考えることになる。しかし今回は、四日市で起こった出来事を英語の読み手にどう伝えたらいいのかを考えるという作業となった。難しい翻訳であったことは間違いないが、それだけに得るものも大きかったのではないだろうか。

2015年度開講の「通訳・翻訳入門」を受講した学生の皆さん、ありがとうございました。

通訳で知った四日市公害

対談：岡本早織・池田理知子

2016年2月11日に国際基督教大学（ICU）で行われた対談のダイジェスト版です。編者の池田理知子が、矢田恵梨子さんのICUでの講演の通訳を担当した岡本早織さんに、当時を振り返って考えたことを聞きました。講演では日本語母語話者ではない学生もいたため、ICUで通訳を教えている松下佳世さんと、岡本さんの２人に通訳をお願いしました。

●マンガで知った四日市公害

岡本早織さん

池田： 岡本さん、今日はよろしくお願いします。では、まず自己紹介を。

岡本： はい。大学４年の岡本早織と申します。ICUでは、通訳・翻訳系の授業を２年のときから継続的に取っていて、学内外で通訳の仕事とかもたまにやっています。

池田： 矢田さんの通訳を頼まれたのは、松下先生から声がかかったから？

岡本： はい。直接声がかかって、それで松下先生と２人で担当しました。

池田： どんな準備をしたんですか。うまく通訳してくれたけど。

岡本： インターネットでの情報を見たりとか、図書館に行って本を読んだりとか。それまでは四日市公害のことをあまり知らなかったので、その準備のなかでいろんな情報を集めてといった感じですね。

池田： 最初は『ソラノイト』を読んだんですよね。

岡本： そうです。

池田： マンガを読んで、ボロボロ泣いて･･･そう聞いていますが。

岡本： はい。マンガ読んで、矢田さんのことも調べて、インタビュー記事とかあったのでそれも読んだりして、そんな感じで進めていきました。

●通訳の難しさ

池田：矢田さんがカレン先生のクラスにあの講演のあともう１回来て、そのときに学生の質問にいろいろと答えたらしいんだけど。そのときに、かき氷をつくるシーンをどう訳すかっていう話になった。欧米の英語圏では、家庭でかき氷をつくる機械がないから、結局アイスクリームをつくるシーンに置き換える、つまり、向こうの文化で理解できるものに置き換えるのがいいのか、みたいな話があったらしいのね。かき氷はなんて訳すの？

岡本：Shaved iceかな。

池田：でも、そう訳してあったとしても、あのマンガのなかの雰囲気がでてこない。お兄ちゃんと一緒に楽しみながらつくっているという感じなら、向こうだとアイスクリームをつくるシーンなのかなあと。

岡本：そうですよね。翻訳でよく言われることなんですが、同化と異化。同化だとターゲットというか、訳した先の文化に合わせて、たとえばさっきの話だとアイスクリームとかにするんですけど、異化だと、あえて日本らしさを残してっていう２つのパターンがあって。そういう問題ってほんとにありますよね。よく経験します。

池田：通訳をやっていてどうでした。難しかった点とか。

岡本：そうですね。一応矢田さんからは事前にこういうことを話しますという原稿をいただいていて、松下先生と２人でそれに訳を付けるということはやっていたんですけれども。その過程で伝わる訳をつくるのが大変だなっていうのがあって。すごくメッセージ性の強い講演だったじゃないですか。字面じゃなくて意味をくみ取って、それを再現することの難しさを再認識しました。

池田：講演の前の日に澤井さんが亡くなって、そのニュースをNHKのネット配信で見ておいてくださいってお願いしたよね。矢田さんや私がそのことに触れるかもしれないからって。通訳ってぎりぎりまでいろんな情報を取って、それでも突然何が入ってくるかわからないっていうのはある？

岡本：ありますね。臨機応変に対応しなければならないので。スピーカーが直前で変わっちゃうってこともあったりして。

●知ることと発信すること

池田：翻訳とか通訳とかやっていて、発信者っていう意識はある？

岡本：通訳者はそのトピックについて、スピーカーと同じレベルとまではいかないかもしれないけど、できるだけ掘り下げて、ちゃんと理解してから、言語を変えてそれを伝えるっていう行為になるので、そういう意味では発信する立場かなと思っています。

池田：傍観者じゃいられない感じですか。

岡本：そうですね。やっぱりスピーカーの思いとか、スピーカーが言語を変えてしゃべったらこんな感じかなと想像して、相手の立場になって訳すのは重要ですね。

池田：今回四日市のことに触れて、自分のなかで考えたこととか、変わったこととかは？

岡本：いろんなことにアンテナを張ることって大事だなって思いましたね。四日市のこともこの通訳の仕事を引き受けなければ、あったなっていうぐらいだったんですけど。今でも苦しんでいる人がいるとか、初めて知りました。やっぱり知ることって大事だなって。

池田：矢田さんが、今まで全然知らなかったことに対して1歩踏み出したっていうことを言ってたじゃない。自分が生まれ育った町なのに、何も知らなかったということにショックを受けて、そこから自分でも何かできるかなって思いはじめたって。こんな未熟な自分でも、マンガとか描けるんだろうかって思ったけれども、未熟な今の自分だから発信できることもあるんじゃないかってことで、マンガを描いたと。矢田さんのあの講演から、同じ20歳代として何か思ったことや感じたこととかがあれば。

岡本：やっぱり、人の思いに寄り添えるようになりたいなって思いました。いろんな人がいて、いろんな問題を抱えてる。そういう人の思いとかを理解できる人になりたいなって思いました。

池田：「知ってしまった者の責任」を果たしているのが矢田さんだってあの講演のなかで私がコメントしたけど、そのことについて岡本さんはどう思っている？

岡本：忘れないことですかね。通訳でいろんな分野のことを学びますけど、それをすぐに忘れちゃうんじゃなくて、覚えておくことが大事だと思っています。私自身は発信しようってところまでは正直まだいってないんですけど、まずは吸収していくことが大事だと思っています。

池田：岡本さんの今後の抱負は？

岡本：伝わる翻訳みたいなものを目指したいですね。法律事務所で翻訳者として数年働いて、そのあとはフリーでできたらなと思っています。

池田：そうですか。これからも頑張ってください。今日はありがとうございました。

若い世代に伝えたい四日市公害

矢田恵梨子

●若者たちの本音を知りたい

四日市公害は真面目で硬くて難しい。地元の問題だけど、今の自分には関係ない。他にやるべきことがいっぱいあるし、環境のこととか他の誰かがやってくれるから別にいいか。そんな感じで「四日市公害」という文字を目にしても、さっと通りすぎる。これが３年前までの私でした。

今まで四日市公害のイベントには、若者の参加者はほとんどいませんでした。参加していたとしても、授業の一環で来ている学生か、環境関連の仕事の方や報道関係者、もしくは他県の若者。公害にまったく接点をもとうとしない地元の若者たちが、四日市公害のことを正直どう思っているのか、私はずっと気になっていました。自分はたくさんの人に知るきっかけを与えてもらったけれど、他の人たちはちゃんと知るきっかけや本音を話しやすい環境がなかっただけで、関心がないわけではないのでは。若者に焦点を当てたイベントがないなら、自分でつくってみよう。そんな想いから、対象を高校生以上から30歳代までで四日市につながりのある方に絞り、イベントを企画しました。

●「よっかいちこうがい未来カフェ」

四日市公害って昔教科書で習ったことはあるけど、正直よくわからない。そんな若者たちに、これからの未来について自分なりに向き合ってもらいたいという願いを込め、「四日市公害と環境未来館」の開館１周年記念の前日にあたる2016年３月20日、「よっかいちこうがい未来カフェ~若者が考える四日市公害~」を開催しました。大学時代からの友人であり、さまざまなワークショップを開催している古瀬正也さん（古瀬ワークショップデザイン事務所）に協力をお願いし、「四日市公害を身近に感じ、自分事に置き換えて考えてもらうこと」を目的にしたワークショップを行いました。『ソラノイト』のコピーを全員に配布し、マンガを読むことによって当時の人の“感情”に触れたあと、感想などを共有してもらいました。

イベントには事前予約18人・当日参加者2人を加えた20人の方にご参加いただきました。高校生や大学生から社会人、お子さん連れの主婦の方など、対象年齢の方が満遍なくみえました。イベント後に記入していただいたアンケートによると、20人中17人が「友人や知人からの紹介」で参加していたことがわかりました。どんなにいろんな手段で情報を発信しても、やはり人とのつながりに勝るものはないのだと実感しました。

●自分事に置き換える“余白”

イベントのなかで、参加者から「今でも23号線沿いは化学臭がするが、自分の体には影響がないから危険を感じない」「まったく同じ公害は起きないし、必ずしも身近さを感じる必要はないけど、別の公害や事故は今後も起きる可能性はある」といった意見も聞かれました。私たちは、公害のことをとくに知らなくても生きていけます。しかし、谷田尚子ちゃんがそうであったように、知らなかったからこそ奪われてしまった命が世の中にはたくさんあるという現実を見つめなければなりません。

科学技術が発達し、環境は改善されつつありますが、工場での事故や災害は後を絶たず、現在も問題や課題が山積みです。コンビナートと一緒に暮らしている限り、私たちの生活にそれは密接に関係しているのです。

誰もがみんな、自分が今向き合っている仕事や育児が大事なのは、ごく当たり前のこと。だからこそ、やみくもに「関心もってよ」とか「大事ですよ」と言っても何も響かないし、届きません。問題の専門性を高め、考えを深めていくためには具体的なテーマが必要ですが、多くの人たちにまず興味をもってもらうためには、テーマを抽象化し、自分たちにとって身近で普遍的なものに置き換える“余白”を与えることが重要なのではないでしょうか。それによって、1人ひとりが自分なりの“接点”を見つけることができるのだと思います。

●四日市公害を学ぶ魅力

そもそも人が興味をもつのはどんなときなのか。自分に何らかの“接点”

や共通点があるとき、自分にとって切実な問題であるとき、もしくは何らかの魅力を感じるとき。

公害を学ぶ重要性はよく耳にしますが、魅力についてはあまり聞きません。好奇心を掻き立てられるような、楽しみながら学べるような、ある種のエンターテイメント性。そんな公害を学ぶ魅力を考えることも、実はものすごく大事なのではないでしょうか。

私は記憶力も悪いし勉強も苦手なため、専門的なことや難しいことはとにかく頭に入らない。でも、公害を経験した人たちの悲痛な叫びや苦悩や葛藤を聴けば聴くほど、身震いするほど心を激しく突き動かされ、それは強く印象に残りました。人の壮絶な人生をエンターテイメントと結びつけるのは失礼だとも思いますが、身を引き裂かれるような絶望のなかで必死に生き抜いてきた人間の「底力」や「生き様」に、私はとても強い魅力を感じました。当時を知らない若者は、出来事そのものには共感できなくても、人の“感情”は時代の壁を超えるのだと思います。

●人とのつながりが生み出すもの

四日市公害に出会って３年。私が公害を学ぶ場に何度も通ったのは、単純に刺激的な出会いが面白かったからでもありました。取材を通して企業の方や、行政の方、研究者、教員、報道関係者など、世代や職業、立場を超えてさまざまな人とつながり、何度も飲みに行ったりしました。「公害」というと漠然とした大きな問題で、なんだか特別なものに感じてしまいますが、いろんな方と雑談を交えながら話をするなかで、自分たちの日常とつながっているんだなと感じるようになりました。そしてこの雑談こそが、人との出会いを「公害のため」のつながりではなく「１人の人間として」のつながりにしてくれたのです。

お世話になった方が制作したという理由だけで、私が四日市公害のドキュメンタリーを見たように、また「よっかいちこうがい未来カフェ」の参加者のほとんどが「友人や知人からの紹介」であったように、人とのつながりは、行動の大きな動機付けになります。そしてその行動の１歩が、新たな可能性をつくり出すのです。たった１人でもいいから誰かに伝えることで、つながりは無限に生まれていくのだと思います。

●「未来カフェ」からみえてきたマンガの可能性

今回『ソラノイト』を活用したワークショップを行ったことによって、娯楽やメディアとしてだけではない、マンガの多様な役割や可能性を改めて感じました。マンガをただ読んで終わらせるのではなく、作品を通して何を感じたのか、そしてなぜそう感じたのかを考え、さまざまな人と対話をしていくこと。その上で共有した価値観をもとに対象のテーマと向き合えば、思考を深めるきっかけになる。マンガは、自分自身や相手の“感情”を引き出す糸口にもなるのです。

四日市公害をテーマにすると、なぜ公害が起こったのか、なぜ青空を取り戻せたのか、なぜ風化するのか、それでもなぜ伝えるのかといったことが議論の対象になります。しかし、公害に限らず世の中の出来事は人の“感情”が引き起こしています。便利なものがほしい、きれいな空気を吸いたい、あんなつらいことはもう忘れたい、子どもたちに同じ苦しみを味わわせたくない……。そんな、弱さと強さが共存する人間の欲は、いつの時代にも存在します。公害を「悪」として責めるのはたやすいのでしょうが、加害者と被害者、そして今を生きる私たちの根底にも、“共通する感情”があるのではないでしょうか。

ワークショップの風景

人の“感情”を知ることで心の感度を高め、想像力や共感力を深めていく。そして、「公害の歴史」の陰に隠れていた人の心の動きをひも解いていくことで、問題の本質を知り、今の社会を生き抜く力を学ぶことができるのだと思います。そうした意味で、さまざまな感情を表現することができるマンガには普遍的な「価値」があるように思います。若者たちにとって難しい社会問題であっても、“感情”に焦点を当てることで、気負うことなく、そして息長く向き合っていくことができるのだと確信しました。

第３部

四日市公害がつなぐ世界

伝えるが「つながる」	深井小百合
四日市の自然が教えてくれること	谷﨑仁美
ジュニア・サミットの取材を通して感じたこと	田村銀河
四日市公害のグローバルな意味	伊藤三男

あらまし

ここでは、矢田恵梨子さんがマンガを描こうと決心した「その時」に四日市に活動拠点を置いていた４人のそれぞれの考えや想いが綴られています。

三重テレビに在職していた深井小百合さんは、ドキュメンタリー番組の取材で四日市や中国を歩き回りました。四日市公害を「伝えたい」という彼女の想いが感じられます。

たばこ嫌いから環境問題に関心をもった谷﨑仁美さんは、「四日市公害と環境未来館」で働いています。環境破壊が進む自然の現場を知ることの大切さを訴えています。

NHK四日市支局の記者である田村銀河さんは、2016年の「伊勢志摩サミット」に先立ち開催された「ジュニア・サミット」を取材しました。海外からの若者との交流を通して、「公害」を今伝えることの意味を問うています。

四日市公害の反対運動に参加し、その「教訓」を語り継ぐ活動に長年関わってきた伊藤三男さんは、グローバル化のなかで発生した四日市公害の歴史とメカニズムを説いています。四日市公害から学んだ「知恵」を発信していくことの必要性が述べられています。

四日市で起きた公害が、その地域だけの問題にとどまらず、さまざまな世界とつながっていることを知ってください。

伝えるが「つながる」

深井小百合

コンクリートから照りかえる夏の光。神輿を担ぐ威勢のよい掛け声が響き、諏訪太鼓の息の合った重低音が広がる。あちらでは、子どもが屋台で買ったたこ焼きを頬張りながら、金魚すくいをしたいと母親にねだっている。四日市市の夏の風物詩の１つ、大四日市まつり。

公害で亡くなった谷田尚子ちゃんは、祭りに行くことも、蝉の声を聞くことも、雪化粧する御在所《ございしょ》岳や春色でいっぱいになる海蔵川《かいぞうがわ》の桜を見ることもできなくなった。あの日からずっと。同じ年の女性のように青春を謳歌し、就職し……と幸せに過ごすはずだった人生を、わずか９歳にして奪われたのだ。

私が四日市公害を取材することになった大きなきっかけの１つは、尚子ちゃんとの「出会い」だった。

●四日市公害を取材

私は、広島県広島市の中心部で生まれ育ちました。祖母が被爆者なので、「被爆３世」です。

テレビ局での就職を希望し、テレビ局ばかり受けていた私は、三重テレビ放送への就職が決まり、2009年４月から縁もゆかりもない三重県津市で暮らしはじめました。三重テレビで１番長くやらせてもらったのは、ディレクターという番組制作の仕事でした。グルメのロケに出かけたり、古き良き洋画を紹介するといったような情報番組の制作です。

三重テレビではこのような「制作」部門と、ニュースをつくる「報道」部門が同じ部署のなかにありました。若手の私は「報道」の仕事として記者クラブに配属されることとなり、そこで四日市市役所内にある「四日市市政記者クラブ」の担当になったのです。とはいっても、主にディレクター業務をしているうえ、津市に住んでいるため、市長の定例会見の取材をしたり、投げ込み資料の整理や地裁四日市支部での裁判予定をチェックするくらいのものでした。

四日市ぜんそく。それは、教科書で読んだことのある「歴史」の1つという認識でした。しかし、四日市公害裁判の原告勝訴から40年の節目を迎えたことがきっかけで、四日市公害について改めて知ることになりました。

2012年、勝訴判決から40年を迎えたということで、新聞では特集などもたびたび組まれていました。四日市市政を担当していた私も、ニュース内の特集で四日市公害を取り上げようと考えたのです。

しかし、これまで社内で深く取材したという記録はありませんでした。そこで、まずは新聞でもよく名前を見かける語り部の澤井余志郎さんと、裁判の原告で患者の野田之一さんに取材の約束を取り付けました。取材までの間、図書館へ通って資料を読みました。教科書のほんの数行では感じ取れない、あまりに長く壮絶な闘いの記録を目にして、何も知らない私が取材してよいのだろうか、そんな不安が込み上げてきました。

四日市にある環境学習センターでの取材当日。直接お会いした澤井さんと野田さんは、私が拍子抜けするくらいにこやかな表情でした。四日市公害とは何か、ぜんそくの症状はどんなものか、裁判での苦労や勝訴判決を聞いたときの気持ち、そして取材当時はまだ場所すら決まっていなかった公害資料館への思いなど、ひと通りカメラの前で話してもらいました。お2人とも、何十回・何百回と同じことを質問されたと思います。しかし、1つひとつ丁寧にわかりやすく時間をかけて答えてくださいました。年齢は80歳を超える2人でしたが、1時間以上にわたって、熱心に語ってくださったのです。2人からは、体験された生の声の迫力と共に、若い世代へ伝えるのだという思いの強さを受け取りました。地元のテレビ局として、今からでもこの問題を記録し、知らせなければならない、そう強く感じました。

●谷田尚子ちゃんとの「出会い」

四日市公害の特集として、次は何を取り上げようかと考えていたときでした。私より年上の女性ディレクターが「公害の慰霊祭でインタビューさせてもらった人が『もし娘が生きていたらあなたくらいの年になっていたのかしら』と涙ぐみながら話していたのが印象的だった」と、以前取材したときの話をしてくれました。

過去の原稿から、「公害患者と家族の会」代表の谷田輝子さんではないかと思いました。話を聞かせていただきたい。そう感じ、早速澤井さんに連絡先を教えてもらい、電話をしました。その後、どんな思いで取材をお願いしたいのか、改めて手紙で伝えた後、菰野《こもの》町のご自宅でインタビューさせてもらいました。

谷田さんにお会いしたら、これまた拍子抜けするくらい明るい方でした。「ここで撮影する？　この前、新聞社の人が長いこと話してってね。ところで出身はどこなの？　独身？」、関西弁でマシンガントーク。そこから、3時間ものインタビューが始まりました。

矢田恵梨子さんのマンガどおり、明るく元気だった尚子ちゃんは、幼くして公害認定患者となりました。「発作が始まると、4時間も5時間も横になることもできなくて、手足は氷みたいに冷たくなった」。幼い身体を病は着実にむしばんでいったのでしょう。亡くなる直前の尚子ちゃんの写真を見せていただくと、笑顔を浮かべているその顔は、やせ細っていました。「亡くなってからも、髪の毛の長い子がいると、走っていって顔を見にいった」。

谷田さんとの出会いで改めて思い知らされたのは、「けっして戻らないもの」があるということです。青空や奇麗な海は戻ってきているかもしれません。しかし、命はけっして戻ることはないのです。谷田さんは今日も1人、尚子ちゃんが亡くなった家で暮らしています。

●ドキュメンタリー「ツナガル。～それぞれが越えた40年の先に～」

2013年、中国は高度経済成長期の日本に匹敵するほど大気の汚染が進んでいるとニュースでたびたび報道され、「PM2.5」が新語・流行語大賞にノミネートされました。今、何か伝えるべきものがあるのではないかと感じたのと同時に、大気汚染の実態を自分の目で見たい、ドキュメンタリー番組を口実に中国に行けないかということで、企画書を出し、2ヶ月ほどの弾丸スケジュールで制作を始めることになりました。

東京のコーディネーターと打ち合わせをし、中国の広州市へ行くことにしました。世界第2位の高さを誇るシンボル・広州タワー。街には大きなビルが立ち並んでいました。こういった華々しい成長の影で、空気は「白い霧」でよどんでいて川は異臭を放っていました。地元の報道によると、2010年に中国で大気汚染が原因で亡くなった人は約123万4,000人にものぼったといいます。

中国広州市のスモッグ（2014年筆者撮影）

こういった中国の現状や大気汚染が原因のぜんそくで苦しむ男の子を取材したときの様子、語り部をしている谷田さんや野田さん、公害からの集団疎開によって消えた「平和町」の元住人、被告企業に勤めていた方のインタビューなどを55分の番組にまとめました。この番組制作で、改めて私は公害について知る機会をいただくことになりました。

●「漫画家の卵」矢田恵梨子さんとの出会い

私と矢田恵梨子さんとの出会いは偶然でした。夕方の生放送の情報番組内で、県内のさまざまな方に出演してもらう15分程度のコーナーのゲストを探しているときに、矢田さんが「青空ピアニキスト」という作品で「ちばてつや賞」ヤング部門の優秀新人賞を受賞したということを新聞で知り、出演を依頼しました。

そのときは、デビュー前だったため、「漫画家の卵」としての出演です。番組では、キャスターが矢田さんにマンガに込めた思いを聞いたり、漫画家のちばてつやさんに電話をつないで講評してもらったりしました。そのなかで印象的だったのが「見ている人に何かを訴えられるようなマンガを描きたい」という言葉でした。矢田さんのモットーは、取材して、その場に行き、その人と触れ合い、「本物」を描くことでした。

矢田さんに四日市公害について知ってもらいたい。情報番組の放送が終わったあと、矢田さんのマンガへの思いを聞いた私は、恥ずかしながら自分のつくったドキュメンタリー番組のDVDを渡しました。

数日後、矢田さんからメールが届きました。そこには「四日市ぜんそくについて地元に住んでいるのに知りませんでした。衝撃を受けて、見終わった後、番組をもう1度見直しました」と書かれていたのです。

私は、矢田さんを谷田さんの語り部の会に誘いました。四日市公害の若き語り部・榊枝正史さん（なたね通信）が主催し、私もチラシ作りや展示のディスプレイの手伝いをさせてもらった会でした。

それから矢田さんは、四日市公害の講座や展示などが開かれるたびに足を運んでいました。私は矢田さんに個人的に連絡を取ったり、漫画家デビューを目指す若者という内容でニュースの特集や情報番組で取り上げるために、その後も彼女を追いかけていました。

「四日市公害のマンガを描きたいと思います」と矢田さんから連絡をもらったのは、出会って1年か1年半ぐらい経っていたときではなかったかと思います。そうとうな覚悟だったと思います。

最初にもらった案では、煙突に扮したおじいさんが、魚の子どもに公害について話すというものでした。見ていて、擬人化している登場人物に対象年齢の低さを感じたため、提案したのが尚子ちゃんのマンガを描いてはどうかというものでした。それほど、私にとって尚子ちゃんの存在は大きなものだったのです。

それから矢田さんはしばらく構成について考えたあと、谷田さんや尚子ちゃんの同級生、澤井さん、野田さん、公害市民塾の人たち、四日市市役所職員など、熱心に取材していました。私たちが数秒で読んでしまう、マンガの1コマ1コマにどれだけの神経を使うのだろうかと思うほど、時間をかけていました。当時を「知らない者」が伝えようとするとき、それほど多くの時間がかかるのです。しかし、どんなに苦労しても、「知らない私たち」が伝えなければならないことが、この四日市にはあったのではないでしょうか。

●つなげていくのは“同じ”人から人

小学生の前で私が公害について話したときに「空気が奇麗になっても戻らないものがある。それは命です」と言うと、子どもたちから「当たり前じゃん」と声があがりました。そう、命が戻らないことは誰にでもわかる当たり前のことです。

公害で多くの人が苦しみ、多くの人が亡くなりました。そして、繰り返すまいと今なお闘い、伝えている人がいます。苦しみながら裁判に臨んだ人が、子どもを亡くした悲しみを抱いている人が、何十年経った「今」も闘い続けているのです。

取材する筆者

私たちは、豊かな生活を送っています。スマートフォンもテレビも、アイスクリームもケーキも、クーラーもあります。 かつてこの場所で、日本中で、起きたことを知らずにこの豊かな生活のうえにあぐらをかいていてはよくないのではないか。

私が取材を続けてきたのは、四日市での人びととの出会いがあったからです。四日市公害を通じて、ここには書ききれなかったさまざまな「ひと」と出会いました。何も知らない私に皆さん熱心に教えてくださいました。受け取った「伝えたい」という思いを、今度は私たちが目の前にいる1人ひとりに伝えたい。

私が制作したドキュメンタリーの最後の最後で入れた1文があります。そこに、すべての思いを込めました。**「苦しめるのも、悲しむのも、そして伝えていくのも同じ『人間』」**。

矢田さんのマンガを読み、少しでも「何か」を感じたのなら、公害資料館に足を運んでほしい、今しか聞くことのできない語り部の話を聞いてほしい、慰霊碑に手を合わせてほしい、今の磯津やコンビナートを見てほしい、そう願います。つなげるための第1歩。それは「ひと」と出会い、その場所へ行き、自分なりの「何か」を感じ取ることだと私は思うからです。

四日市の自然が教えてくれること

谷﨑仁美

●私と四日市公害との出会い

私は四日市公害の被害で知られている塩浜で生まれ育ち、現在は「四日市公害と環境未来館」の事業を請け負う会社で働いています。塩浜で育ったからといって、小さな頃から公害や環境問題に関心があったわけではありません。授業で四日市公害が出てきても、「昔はそういうことがあったんだ」というくらいにしか感じておらず、修学旅行で「ぜん息の子がいるから枕投げ禁止」と言われても、四日市公害とつなげて考えることはしませんでした。

転機は高校時代。きっかけは私のタバコ嫌いです。トイレで平然とタバコを吸う同級生と、自分が吸っていながらそのごみを生徒に片付けさせ、生徒には吸うなとタバコくさい口で説教をする教師に憤り、タバコの何がいけないのかを勉強し、所属していた漫画文芸研究部の部誌に書きました。そのとき、タバコの煙は一種の大気汚染であること、タバコを生産するために森が消えていること、タバコのポイ捨てはごみ問題であると知り、「これって環境問題だ」と思ったのが始まりです。「健康」「環境」の双方の分野が学べる大学を選んだのも、世の中からタバコをなくしたいという思いからでした。

大学で環境問題について学ぶなかで、同じ学科にいながら関心がない学生がほとんどだということに違和感を抱いていたときに受講したのが、四日市市で開催していた「地域環境リーダー養成講座」です。地域で環境活動を行う人材を育てるための講座で、環境問題に興味をもつ人たちとたくさん出会い、真剣に話し合える喜びを知ったのが、今の仕事につながっているのだと思います。

四日市公害との出会いもその頃で、たまたまレポートの題材に選んだことで公害の本を初めて手に取り、そして自分があまりに公害のことを知らなかったということに愕然としました。思い返せば、塩浜小学校の校庭に芝生が植えられていたのも、乾布摩擦をしていたのも、水道に蛇口が40個ついていたのも普通だと思っていたのですが、それはすべて公害対策だったのです。小学2年生のときに転校してきた子が「塩浜小学校の子が、うがいが上手くて驚いた」と話していたのも、公害がひどかった時代に、1日6回うがいをしていた習慣がわずかに残っていたからでしょう。これがきっかけとなり、四日市公害を関心のある環境問題の1つとして意識するようになりました。

うがいをする塩浜小学校の子どもたち

その後、愛知県が主催する大学生が環境教育を行うプロジェクトに参加したことで、人に自然の魅力や環境のことを伝えられる「環境教育」という分野に興味をもち、環境教育の専攻がある大学院に進みました。

卒業後、「四日市公害と環境未来館」の前身である「四日市市環境学習センター」で働くことになり、そこで四日市再生「公害市民塾」の皆さんと出会いました。センターには四日市公害資料室があり、市民塾の故澤井余志郎さんが長年撮影してきた写真や資料などを使い、写真展やパネル展を開催してきました。澤井さんや他の皆さんから、これまで知らなかったことをたくさん教わり、四日市市で暮らしている人に公害や身の回りの環境に、もっと関心をもってもらいたいと、学習に取り組んできました。

これまでいろいろな講座を開催してきましたが、とくに力を入れていたのが自然環境教育分野です。四日市市には壊されてしまった自然もたくさんありますが、一方ですばらしい自然環境がまだ残っていることを知り、それを伝えたいと仕事に励んできました。

●これまでの四日市市の自然環境

四日市市は、東に伊勢湾、西に鈴鹿山脈という、海抜0m~1,000mの変化に富んだ地形の中に、丘陵地や林、大小の河川をもち、多様な自然環境に恵まれています。この地形がもたらす恩恵の1つが水で、現在も水道の4割以上が市内の井戸水を給水源としています。

市は、かつて「伊勢水」と呼ばれた菜種油の産地で、原料の菜の花の栽培が盛んでした。戦後も春になると、街道沿いが一面菜の花の黄色で覆われ、6月にその菜種を刈り取り、田植えが終わると、今度は緑鮮やかな田んぼが広がったことを覚えている人は少なくありません。

里山といわれるような丘陵地や民家に近い雑木林では、アカマツやコナラの木が薪炭材などに利用され、炭焼き小屋も各地に点在していました。このような里山では、マツタケもたくさん採れたそうです。

三滝川河口から朝明川河口にかけての海岸域は、白砂青松の美しい遠浅の砂浜が広がり、海水浴場として利用されていました。四日市市史には、昭和に入ると鉄道が整備されたこともあり、遠方からも多数の海水浴客が来ていたと記されています。

特筆すべきは、四日市市の植物の最大の特徴が、ウマゴヤシやマツヨイグサといった外来植物がたくさん帰化しているということです。四日市市は東海地方南部の港の玄関口であり、明治初期頃より外来種の侵入が記録されています。帰化植物が増えた1950~60年頃は紡績産業が盛んで、オーストラリアなどから未洗浄の羊毛が輸入されていました。そこに種子が付着していたため、羊毛を扱う企業の敷地内やその周辺、くず羊毛を肥料として使用していた茶畑や農場で帰化植物が広がったのです。植物のなかにどのくらい帰化植物が混じっているかを調べた1980年頃の調査では、三重県全体が15%だったのに対し、四日市市の帰化率は38.7~40%と高率であったという記録が四日市市史に残っています。

●懸念される四日市市のこれからの自然

現在の四日市市は、大気汚染も水質汚濁も、行政の規制や工場の公害対策設備の導入により、他市とそう変わらない状態にまで改善されてきています。その一方で、宅地・工場開発や道路拡張などの工事による自然破壊が頻繁にあり、それによる生物多様性の減少も進んでいます。

「四日市市環境学習センター」で働きはじめてからこれまでの8年間で、市内の小学生たちとさまざまな河川で生きもの調査を行ってきました。毎年あちこちの川で工事もあり、捕れる生きものの数や種類が少しずつ減っているように感じています。

楠町吉崎海岸のハマヒルガオ

海岸は、そのほとんどがコンビナートで埋め尽くされ、前述した美しい砂浜の面影はありません。ですが、わずかに残った鈴鹿川の河口や楠町など一部の海岸や干潟域には、ハマヒルガオを代表とする海浜植物や、干潟ならではのカニや貝、そしてそれを食べに来る鳥たちが訪れる、豊かな自然が残っています。一方で、夏場を中心に大量のごみが海岸に押し寄せることが問題となっていますが、市民団体の清掃活動も活発に行われています。この海岸域の自然は私のもっとも身近で大切にしたい場所で、アカウミガメの産卵も確認されています。

かつては四日市市の風景を代表していた田んぼですが、減反や担い手の減少もあり、その面積を大きく減らしています。さらに、乾田化が進んだことや農薬の使用により、田んぼを代表する生きものであるアキアカネ（赤とんぼの仲間）なども大きく数を減らしています。

森林も大幅にその面積を減らし、2014（平成26）年の統計によると四日市市の森林率は14％（三重県では64％）となっています。この残った森林も竹林の広がりやナラ枯れ・松枯れなどによる荒廃が進み、イノシシやサルなどの野生生物が町中に現れ、畑を荒らす問題も起きています。各地で里山を中心とした保全活動も行われてはいますが、すべての地域を網羅することはできていません。

さらに現在、メガソーラーの発電基地として、森林地帯の開発計画が2つも進行しています。法的には何の問題もなく、1か所は環境アセスメントも終えていますが、市民からは希少な生物がいなくなってしまうのではないかという懸念や、野生生物の生活域がなくなることで獣害が増えるのではないかという心配、川の汚濁や災害が起こるのではないかという不安の声も一部では出ているようです。

●豊かな自然を失わないために

四日市公害は、当時の法律としてはほぼ問題がなかったにもかかわらず、規制の甘さや公害対策への意識の低さなどが要因となって被害が拡大しました。この公害に正面からぶつかり反対の声を上げてくれた人たちがいたからこそ、今の四日市市の自然があります。

四日市市には他の地域にも誇れる、守るべき自然がまだ残っています。美しい景色、生物種の豊かさ、絶滅危惧種もたくさん観察できます。また、地下水を育み、気温の調節機能ももつ森や田んぼ、生活排水など水の汚れを浄化する水辺の生きものたち、騒音や粉じんを和らげる街路樹など、身のまわりに自然があることで、知らないうちに私たちの生活が逆に守られてもいるのです。

四日市公害訴訟の原告でもある野田之一さんは、「1度失ってしまった自然を取り戻すには時間がかかる」と話しています。昔と同じようにとはいかないものの、ようやく自然が少しずつ戻ってきている今、また同じようなことを繰り返すのではないかと心配しています。これは何も、四日市市に限ったことではありません。身近になりすぎて意識されない自然を見つめ直すためにも、身のまわりにどんな自然があるのか、探しに出かけてみてはいかがでしょうか。自然観察をすることが、この自然を守る第1歩につながるはずです。

執筆にあたっては、四日市自然保護推進委員会の皆さんにお世話になりました。

ジュニア・サミットの取材を通して感じたこと

田村銀河

●はじめに

「四日市公害と環境未来館」に行き、公害が環境だけでなく人びとの健康にまで悪影響を与え、ぜんそくを引き起こしたことを学んだ。こうした課題を解決するには、社会的な側面においても環境の側面においても持続可能な方法で経済を成長させることが大事だと思う。

（エズメ・アーチャーラッスル）

これは、2016年4月に三重県で開かれた「ジュニア・サミット」にカナダから参加した女性が、「四日市公害と環境未来館」（以下、「公害資料館」）を訪れたあとに述べた感想だ。「ジュニア・サミット」とは、2016年5月の主要7カ国（G7）の「伊勢志摩サミット」に先立ち、三重県で開かれた関連イベントだ。「環境と持続可能な社会」をテーマに、世界の若者が会議を行い、各国の首脳への提言を共同で作成することが目的だが、参加者はプログラムのなかで、討議のための視察として「公害資料館」も訪れ、館長や地元の四日市高校の生徒から当時の話を聞いた。NHK四日市支局の記者である筆者は、三重県での5日間の日程すべてに同行し、会議の内容や参加者の県内での視察などを取材した。視察を通して世界の若者が感じたことや、取材から見えた四日市市のこれからのあり方について、ジュニア・サミットの記録とともに取材を通して筆者自身が考えたことを述べたい。

●「ジュニア・サミット」開催の概要

会議は「次世代につなぐ地球~環境と持続可能な社会」をテーマとし、4月22日から28日までの7日間の日程で行われた。

初日、外務省政務官や三重県知事などの参加のもとに開会式が行われ、午後からは早速会議が始まった。会議のメインテーマは先述の通りだが、28人全員で議論するのではなく、分科会形式でサブテーマごとに分かれて、同時並行で議論する。①気候変動とエネルギーの脱炭素化、②経済格差と包括的な成長、③人材の育成、④ジェンダーの不平等の解消の４つのテーマに７カ国から１人ずつが参加し、議論を進めた。

２日目には午後の時間を使って、特産であるハマグリ漁の回復に努めてきた桑名市の「赤須賀《あかすか》漁業協同組合」、四日市市の「公害資料館」、ベアリングの技術を再生エネルギーの分野で応用している桑名市のNTN株式会社の「先端技術研究所」の３施設を参加者全員で視察した。

最初の赤須賀漁協に続いて参加者が訪れたのが、「公害資料館」だ。始めに１階で田中俊行市長らの歓迎を受けたあと、２階と３階の展示を見学した。四日市公害の歴史的背景や、被害状況の写真などを示した核となる展示部分では、生川館長のほか、地元の四日市高校生が案内役を務めた。選ばれた７人の生徒はみな英語が堪能で、３月末に館で研修を受けたのち、公害の発生からの経緯を英語で説明できるようにそれぞれ分担して準備し、本番でも見事に役割をこなした。各国からの参加者は、同年代の若者が自らのまちの苦しみの歴史を説明している姿に聞き入っていた。７人の地元の高校生たちは各国の参加者のバスにも便乗してその後の視察にも同行し、交流も見られた。

公害資料館を視察する参加者

●「桑名ジュニア・コミュニケ」の発表

三重県での最後の日程となる５日目は、午前中に成果発表会が行われ、４つのサブテーマごとに首脳への提言を盛り込んだ「桑名ジュニア・コミュニケ」と題した共同声明文を発表した。盛り込まれた提言の一部をテーマごとに整理すると次のようにまとめられる。

① 気候変動：炭素税を導入して環境負荷の少ないエネルギーへの投資を加速させることや、都市部の緑化を進めること。

② 経済格差：途上国での起業の促進や、タックスヘイブンを防ぐための国際的な税制の統一や規制を進めること。

③ 人材育成：中高等教育において先進国と途上国の生徒が社会問題の

解決のためのプロジェクトにともに取り組んで、ノウハウを共有する「パートナースクール・イニシアティブ」を推進すること。

④ ジェンダー：職場での昇進や産休の取りやすさなどについて、社員からの評価を外部から閲覧できるようにするなど職場の透明性を高めることや、女性の教育を進めるため、出席率などを条件に子どもの家庭に金銭を給付し、通学へのインセンティブをつくること。

参加者を代表し、フランス人のケンジ・ニコロさんが「このジュニア・サミットをきっかけに、持続可能な成長のためのみなさんの行動につなげてほしい」と壇上で述べ、会議を締めくくった。このあと参加者は東京に移動し、28日に総理官邸で、安倍首相に提言を手渡した。

安倍首相は「成果を受け止めて伊勢志摩サミットへ臨みたい」と答えた。

●ジュニア・サミットから見る「四日市公害と環境未来館」の意義

ジュニア・サミットの参加者は、視察先の１つであった「公害資料館」で何を学んだのだろうか。この施設は、ジュニア・サミットの視察日程や日本代表の選考・研修を担当した三重県も重要視しており、日本代表の４人は、ジュニア・サミットに先立つ事前の研修のなかでも一度訪れている。

日本代表の１人で、四日市市に住む高校３年生の加藤杏《あ》弥《み》さんは、この研修で同館を初めて訪れ、「普通であれば隠したがる過去の失敗を堂々と展示し、明らかにすることで将来二度と同じことが起きないようにしたいという姿勢に感動した」と感想を話してくれた。加藤さんは小学生から中学生の６年間米国に住んでいたために、教科書で四日市公害のことを読んだことはあるものの、これまで詳しく習わなかった。だからこそ今回のジュニア・サミットをきっかけに改めて学び直し、「産業化によって起こった四日市公害は、今の世界の環境問題とも共通する。『四日市公害と環境未来館』を訪れてもらい、今の空気のきれいな状態と過去の状況をぜひ世界の多くの人に知ってほしい」と話していた。四日市出身である彼女にとって、ジュニア・サミットの開催と、地元で開かれた意義を結び付けたものが、まさに「公害資料館」であった。

世界の参加者は訪問してどう感じたのであろう。冒頭で引用した言葉は、経済格差がサブテーマの議論に参加した18歳のカナダ人女性のものであった。また、気候変動について話し合った別の女性は、「公害資料館」のあとに訪れたNTN株式会社の先端技術研究所のことにも触れ、「視察のあとで私たちは四日市市の経験をどのように他の国が学ぶことができるのか、またNTNのような技術とも組み合わせてどうすれば課題を解決できるかを話し合った」と言っていた。

残念ながら四日市公害や他の地域の視察で学んだことは「桑名ジュニア・コミュニケ」の文章中では直接触れられていなかったが、気候変動や経済格差など異なるテーマの参加者たちの議論においても四日市公害の教訓が参考になったようで、環境と経済成長の両立の難しさを象徴する「公害資料館」への視察は参加者に多くのことを考えさせるものだったことがうかがえる。

●おわりに

筆者が四日市支局に赴任してから7月でちょうど2年となる。これまで「公害資料館」の開館や、長年「語り部」を務められてきた故澤井余志郎さんの小学校への出前授業、矢田恵梨子さんの制作活動の様子など、数えてみると数十回にわたってニュースや番組で伝えてきたが、たびたび原稿のなかで使ってきたのは、「公害を二度と繰り返さないために」という言葉だった。公害の被害を語り伝えようとする意図を端的に表すために使ってきたこの言葉だが、実は使う際に少なからず違和感があった。それは、同じような大気汚染公害が日本で再び起こる可能性は極めて低いのではないかという率直な気持ちと、そうであれば、「誰に、何のために」四日市公害の被害を伝える必要があるのだろうかという疑問だ。

おそらく小学生が「二度と公害は起こしてはいけないよ」と教わったところで、即座に何か行動が求められるわけではないし、現在の日本の厳しい環境基準のなかで同じような大気汚染が発生する可能性は限りなく低い。そうであれば、何のために四日市公害を語り伝えるのか、そしてそれを誰のために報道するのか、答えられない疑問を抱えていたのは否めない。しかしこの疑問は、世界の文脈で考えたときにうっすらと答えが見えた気がした。

前述の参加者とは別のカナダからの参加者に、「日本がこうした問題を過去に抱えていたことを知っていたか」と尋ねたところ、「知らなかったが驚かない。産業によって経済発展を遂げた先進国はみな同じような経験をしている。カナダでも同じような問題はあった」と話していた。1時間ほどの短い視察のなかで、参加者はどういった企業が被告となったのかとか、裁判が何年続いたのかなど、細かい知識をどこまで得たのかはわからないが、産業と環境の両立の難しさというもっとも大事なエッセンスを理解していた。アジアをはじめとした世界の環境問題に対して、四日市から発信できるメッセージもまさにこれだ。筆者自身もこのジュニア・サミットの取材を通して、四日市公害を伝えることの普遍的な価値を改めて感じることができた。世界の環境問題が深刻化するなかで、四日市の経験は確実に重要性を増している。

また、その一方で、伝える側としての工夫の必要性も感じた。世界の環境問題が排煙の問題だけではなく、地球温暖化、エネルギー、海洋汚染などとグローバル化し複雑化しているのが現実だ。ある種地域的な問題であった四日市公害の問題を未来に意味のあるものにするためには、歴史的なディテールだけにこだわるのではなく、問題の教訓をより普遍化し、「つないでいく」作業が必要となる。これは、産業と環境の両立の難しさ、発展を求めた人類の過ちなどの教訓を伝え、新たな問題の発生を予防するという報道の大きな目的である。今後、四日市公害だけではなく、他の問題を伝える際にも大いに参考になると感じた。

四日市公害の発生から半世紀が経ち、「公害」という言葉は「環境」という幅の広い言葉に置き換えられて語られる機会が増え、私たちは過去の問題をより広い文脈で理解し、役立てることが求められている。そのなかでもジュニア・サミットで訪れた世界からの参加者は、若い感性で四日市公害の伝えるメッセージをしっかりと受け取ってくれた。若い世代が生きる今の時代が抱えている多くの問題は、過去の世代が残した負の遺産ばかりかもしれない。だが、そのなかから生まれた教訓を未来への資産として、新しい時代を切り拓く上での糧としてほしいと願う。

四日市公害のグローバルな意味

伊藤三男

●はじめに

今回の『空の青さはひとつだけ』は若手漫画家・矢田恵梨子さんの「ソラノイト」を中心に据えて、四日市公害問題と関わりをもつ多くの人びとによって編まれている。執筆などの参加者は12名に及んでいるが、そのなかで私自身は谷田輝子さんに次ぐ年長ということになろうか。1945年9月の生まれだから「戦後世代」ではあるが、父親は2度の応召体験があり私が生まれたときはまだ連隊から帰れず、実家には不在だった。

四日市に隣接する鈴鹿で育ったが一帯は農村で川泳ぎや山遊びが子どもたちの日常だったし、ウナギ・タニシ・ドジョウやキノコなどは自前で調達して食べるのが常だった。今思えば随分贅沢な少年時代だったと思う。みんなが貧しくはあったが豊かな時代でもあった。

それから私の青年期に向けて時代は急展開をしていく。「60年安保」を経て「所得倍増計画」から「日本列島改造論」が政策として打ち出され「高度経済成長」の道をまっしぐらに突っ走ることとなった。「戦後」はそのまま私自身の人生すべてでもある。

私が四日市公害と出会ったのは20歳代に入ってからだ。高校教員になった1969年、自宅から新任校のある桑名への通勤途上、近鉄塩浜駅で嗅いだ何ともいいようのない異臭が最初だった。俗に言う「タマネギの腐ったような」悪臭が、当時進行中だった四日市公害訴訟の対象である工場群から発生していると気づくのにそう時間はかからなかった。教職員組合が訴訟支援の中心母体となっていたこともあって徐々に公害の実態を知っていくこととなる。そして同じ頃に市民グループの「四日市公害と戦う市民兵の会」と接点をもつことができて、以来約45年にわたって四日市公害と関わり続けることとなり、私自身の人生に大きな影響を与え続けている。

県立高校での教員生活を定年退職した頃に、一度は距離を置こうかとも思った四日市公害問題がいまだ途切れることなく、かえってより活発に私のなかで動き続けている。要望を続けてきた「四日市公害と環境未来館」が開館し、「長いこと頑張ってきた甲斐がありましたね」といってくれる知己もいる。しかし、実際にこうした動きの活性化をもたらしてくれているのは定年後に知り合った若い人たちだ。この書の刊行はその成果の1つの到達点としてある。

本文を書くに当たって私に与えられたテーマは、四日市公害をグローバルな視点で考えようというのが基本である。他の執筆者とは年齢も経験も異なる私が書けるのは、まずは四日市の歴史をたどり公害発生のメカニズムを解くことから始めるということだろう。いささか硬い展開が続くが最終的にはちょっと意地悪く、「グローバリズムの落とし穴」へとつないでいきたいと考えている。

●四日市の歴史をひもとく

三重県北部に位置する四日市市は現在人口32万人弱の、県下最大の都市である。市の中央部を流れる三滝川沿いに始まったのが「四日の市」。中流域での市が盛んになるとともに運搬の必要性も生じて、河口部に港が設けられることとなったが、海運業で財をなした稲葉三右衛門が私財を投じて改修に立ち向かったのは明治時代に入ってからである。

四日市公害の問題を歴史的に手繰っていくと、四日市港の生い立ちの部分にたどり着く。一般には戦争中の海軍燃料廠跡地に建設された石油化学コンビナートから四日市公害が説かれるが、その遠因を開国以来の明治にまでさかのぼるのはけっして意味のないことではない。言い換えれば「四日市公害」は諸外国との競争が必然となった「殖産興業」「富国強兵」という、新政府の国策の延長線上に逢着した惨劇ともいえるからである。三右衛門の修築した旧港では貿易に対応ができず、新しく海面を埋め立てた新港が完成するのは大正期である。四日市市の成り立ちは「商業都市」としての色合いをもつが、もう1つの顔に「紡績の街」があり、それまでの生糸に加わって明治期に入って羊毛・綿花を原料とする紡織産業が盛んになる。これらはもちろん輸入によって賄われるわけで、四日市港は外国との流通の拠点となった。

しかし、四日市市は三重県と歩調を合わせながら四日市港を商業港から工業港への転換を図る。日本板硝子や石原産業は昭和10年代に誘致され、市南部の塩浜地区一帯の海面埋め立て事業は拡大促進されるが、こうした立地条件に目を付けたのが戦時体制下の国家である。1939年に海軍燃料廠建設が決定され2年後に完成。一大工業地帯へと変貌を遂げたが、1945年の米軍の空爆によって破壊される。その空き地が戦後の民間払い下げを経て石油化学コンビナートとなり、結果的に「公害」へとつながったのが四日市の歴史である。

旧港の修築に人生を捧げた三右衛門だったが、その労苦が100年後の公害につながるとは、ほとんど予期することはできなかったに違いない。いずれの場合にも歴史の先を見通すのは容易なことではない。しかし、過去を振り返ることは困難なことではない。大事なのは「視点」である。商業都市から工業都市へと「発展」した四日市がいかにして「公害都市」の汚名を被らなければならなくなったのか。

●「四日市公害」とは

「四大公害訴訟」として歴史に名を刻むこととなった「水俣病」「新潟水俣病」「富山イタイイタイ病」と並ぶ「四日市ぜん息」は、他の3件と異なって唯一「大気汚染」による公害である。戦時中の海軍燃料廠跡地が民間に払い下げられ、石油化学コンビナートとして本格的に操業を開始したのは1959（昭和34）年。基幹となったのは昭和四日市石油と三菱グループ。それに中部電力の火力発電所と石原産業が加わって一大工場群を形成することとなった。

コンビナート周辺の塩浜地区にぜん息症状の患者が続発することになるのは、コンビナートが操業を本格化して2、3年後のことである。地元の開業医や県立塩浜病院に多くの被害者が駆け込むようになり、三重県や四日市市が調査に乗り出す。国からも2度の調査団が現地調査に訪れその結果、「公害地域」と指定された四日市市は、65年に独自に認定制度を設け患者救済に乗り出し、医療費負担を肩代わりするすることとなった。しかし、発生源を特定する作業は行われず被害者は増加の一途をたどる。

四日市公害訴訟が提起されたのは1967（昭和42）年9月、第1回の口頭弁論は12月のことである。原告となったのは塩浜町内（磯津地区）の認定患者9名、被告は昭和四日市石油と三菱3社（化成・モンサント化成・油化）および石原産業、中部電力の併せて6社。複数企業相手に「共同不法行為」を主張したのも他の3件の訴訟とは異なっている。当時の四日市市内の認定患者は総計663人（1971年統計）、このうちコンビナート周辺の塩浜地区で121人、さらにそのなかの磯津には個別に100人が存在していて発生率の高さは突出している。

1972年7月24日勝訴判決の日

訴訟の判決は1972（昭和47）年7月に出された。内容は原告側全面勝利といえるもので、発生源を6社の排煙と断定し「共同不法行為」を断罪した。さらに被告にはなっていなかった行政側の「立地上の不備」も指摘するという画期的なものだった。しかし、あくまでも健康上の被害に対する損害賠償という民事訴訟であって、発生源の即時停止には至らず大気汚染の状態が改善されるのはその後まだ数年を要することとなる。

大気汚染に関わる公害認定制度は1988年に解除され、県・市の姿勢はその方向に積極的な賛意を示した。しかし、認定されたままの患者が30年近く経った現在、四日市だけで377名。さらに、四日市の成果を受けて争った川崎・大阪・倉敷など、全国各地には4万人にものぼる呼吸器疾患に苦しむ認定患者が存在する。大気汚染は四日市限定ではなく、かつ現在進行形の公害であることを忘れてはならない。

●四日市公害のグローバルな展開

訴訟の判決が出されて本年（2016年）7月で44周年を迎える。四日市での「公害資料館」といえる「四日市公害と環境未来館」が、四日市市によって開設されたのは昨年3月21日。すでに水俣・新潟・富山には公立の資料館ができているのに比べると随分時間がかかったが、この1年で入館者が7万人超というのは順調な滑り出しといえよう。

四日市市内には「国際環境技術移転センター（ICETT）」があり、海外からの研修員が多く訪れる。四日市市は従来天津市と友好都市提携を結んでおり中国からの訪問は恒例となっている。中国での大気汚染はすでに1990年代に深刻化しており、重慶市での1992年〜98年の亜硫酸ガス平均濃度は0.12〜0.17ppmとのデータがある[注1]。ちなみに四日市の総量規制基準値は0.017ppmだからその10倍に及んでいる。中国では呼吸器疾患の患者が多数発生しており死者も出ているとの報告もなされている[注2]。

昨年（2015年）11月「四日市公害と環境未来館」に中国から高校生36人が訪れ、私が「語り部」役を務めることとなった。そのころ中国各地には「紅色警報」が発せられ、町中にマスク姿の市民が行き交い病院には被害者が押しかけていた。私はそのTV画面と四日市の小学生がマスク通学をしていた50年前の画像を交互に提示しながら、公害発生のメカニズムと対策の流れを説明してみた。高校生諸君の反応は敏感でいくつかの質問が出されたが基本は「どうすれば公害はなくなるのか」という点に絞られた。それは高校生のみならず中国の人たちが大気汚染に苦しんでいることを反映する出来事だった。

通学する小学生（1968年頃）

日本の大気汚染問題は現状では硫黄酸化物（SOx）から窒素酸化物（NOx）に重点が置かれているが、中国で大問題なっているPM2.5もけっして無視できない。それどころか今や大気汚染は地球全土を覆いWebサイトには世界中のリアルタイム情報が克明に記録されている。

注1　吉田克己『四日市公害　その教訓と21世紀への課題』（2002年　柏書房）

注2　定方正毅『中国で環境問題にとりくむ』（2000年　岩波文庫）

世はまさに「グローバル」の時代である。大学や高等学校が文科省によってスーパーグローバル校（SGU・SGH）の指定を受け、巨額の補助金が付与されている。企業もまた広く市場を海外に求め多国籍人材を確保しようとしている。「グローバル」は「正の価値」を有するものとして私たちの生活を取り囲んでいると言っていいだろう。IT産業の発達に伴い世界戦略の方向性をもたずしては政治も経済も文化も成り立たなくなっている。

しかし一方でかなり早い時期にグローバル化によってもたらされる「不安」を指摘する学者もいた[注3]。山崎正和は「個人にとって世界が広くなり、生活に影響を及ぼすものの原因が見えにくくなって、つねに思いがけない災難に脅かされるという不安」だというのである。また、この指摘から10年以上が経過して別の研究者は「グローバルな環境の悪化」に警告を発している[注4]。グローバリゼーションの進化は世界各国の貧富の差の拡大をもたらし、途上国での環境問題が深刻化しているというのである。

ローカルな問題でもあった「四日市公害＝大気汚染」は、いまや地球全体を覆う深刻な課題となっている。「正の価値」を求めてのグローバリズムがむしろ「負の価値」によって先行されている。環境破壊やテロに脅かされる世界の有様が、発達したITによってリアルタイムで報じられるという皮肉な現実に私たちは立ち向かっていかなければならない。

●四日市からの発信

中国における大気汚染の正確なデータは把握しにくいが、黄砂の到来などを見ても日本列島への影響は少なくない。酸性雨の研究家は、中国におけるエネルギー消費量が1995年に比べて2030年には2.7倍、二酸化硫黄に関して排出量が同じく3.5倍になるとしている。日本列島への沈着量20%増加とのデータもある[注5]。にもかかわらず、中国での環境対策が遅々として進んでいないことも事実であろう。

四日市市にあるICETTには中国から毎年のように研修に訪れ、日本の

注3　山崎正和『社交する人間』（2006年　中公文庫）

注4　杉山伸也『グローバル経済史入門』（2014年　岩波新書）

注5　藤田慎一『酸性雨から越境大気汚染へ』（2012年　成山堂書店）

コンビナート出身の技術者も含む職員が汚染防止などを繰り返し伝授しているようだが、なかなか本国の環境対策に生かされていない。開放経済への移行以来、驚異的な経済成長を遂げてきている中国だが、人民の健康なくして国家の発展もないと思うのだがどうだろう。しかし問題は中国だけで終わらないし、汚染物質は硫黄酸化物から窒素酸化物あるいは浮遊粒子など深刻化している。自動車の排ガス対策が進んでいるにもかかわらず、である。

四日市公害は「近代化＝産業の発展の負の側面」として現出した。「100万ドルの夜景」ともて囃されたコンビナートの夜景が、「公害都市」の元凶となることを予期することのできなかったのは人びとの「想像力」の欠如に由来する。しかし、今はそのことを責めるよりは、同じ轍を踏まぬための智恵を働かせ発信し続けていくことを優先させなければならない。必要なのは歴史を学び直し正も負も、表も裏も織り交ぜて語り継いでいくという、さして珍しくはないが重要な営みだ。

四日市公害には大気汚染というテーマがある。酸性雨とか温暖化という問題とどう向き合うのか。「近代化」や「グローバル化」の正の側面にのみ浮かれていてはなるまい。環境破壊やテロが先行している時代のなかで四日市公害がグローバルな意味をもっているとすれば、大気汚染の体験の過程で得た教訓や財産をいかに世界に向けて発信していけるかだ。法的、技術的な問題はもちろんのこととして、さらに広義な価値観（生き方）の問題にまで視野を広げながら提示していく必要があるのではなかろうか。

かつて四日市公害に関わることによって自らの立ち位置を再点検し、人生の進路を変更していった若者もいる。しかし、その後、激しく変遷したメディアによって人びと（とりわけ若者）は、「思考」する余裕を奪われている。四日市の得た「教訓」をけっして過去のものとしないためには、生活そのものも含めて現実を厳しく見つめ直し、広く発信し続けていくことが必要だ。そのことによってこそグローバリズムは「正の価値」となりうるのだろう。

参考文献

定方正毅『中国で環境問題にとりくむ』(2000 年　岩波文庫)

杉山伸也『グローバル経済史入門』(2014 年　岩波新書)

藤田慎一『酸性雨から越境大気汚染へ』(2012 年　成山堂書店)

山崎正和『社交する人間』(2006 年　中公文庫)

吉田克己『四日市公害　その教訓と 21 世紀への課題』(2002 年　柏書房)

四日市港管理組合編『四日市港開港百年史』(2000 年　四日市港管理組合)

第４部
公害と私たちをつなぐイト

水俣の環境汚染と労働災害	山下善寛 × 池田理知子
私たちのまわりにあるアスベスト問題	澤田慎一郎
メディアとしての私たち	諌山三武 × 池田理知子
私たちのなかの公害	池田理知子

あらまし

私たちの身のまわりにある「公害」に気づき、それを知ることで、その問題とどう関わっていけるのかが今問われています。

そういう意味でも、「公害」の現場の最前線で患者を支援してきた山下善寛さんと澤田慎一郎さんの言葉から学べるものは多いのではないでしょうか。70歳代の山下さんと20歳代の澤田さんにはかなりの年齢差があり、時代背景も違いますが、2人の共通点を探してみるのも面白いでしょう。

メディアの現場で働いている諌山三武さんからは、私たちがメディアとして何をどのように発信していけばいいのかのヒントが得られるはずです。商業誌の取材・編集を行うかたわら、自費出版の雑誌を作り続けている彼の試みは、私たちにもできることがあるという実例を示しています。

最後に、自らの「公害」との関わりから、見慣れた風景に異なるまなざしを送ることで、そことの関係性が変わりうることを池田理知子が述べています。私たちと「公害」をつなぐ「イト」は細いかもしれませんが、確かにそこにあることもまた事実だからです。

水俣の環境汚染と労働災害

対談：山下善寛・池田理知子

2015年12月23日に水俣で行われた対談です。編者の池田理知子が、新日本窒素労働組合元委員長の山下善寛さんに水俣病とのかかわりや環境汚染、労働災害の問題についてお話をうかがいました。

●水俣病と向き合う

池田：一般には、新日本窒素労働組合（チッソ第一労組）の組合員が水俣病と向き合うようになったのは、1962年から始まった安賃闘争[注1]がきっかけだったといわれています。市内を二分するような激しい闘いを経験し、闘争後にも差別を受けるといったなかで、労働者としての意識に目覚め、1人ひとりが人間として何をすべきかを考えた、それが水俣病患者に寄り添うことにつながった、といわれていますよね。具体的にそれが表れているのが、68年のチッソ第一労組の「恥宣言[注2]」だったと理解していますが、善寛さんが水俣病に向き合うことになった経緯をお聞かせください。

山下：確かに労働組合としては「恥宣言」が出発点だったと思います。ただ私の場合、工場内で水俣病関連の仕事をしていたので、その前から向き合わざるを得なかった。しかし、自分が人間として、労働者としてどうだったかというと、勇気がなかったために、チッソが水俣病の原因企業だったということを事前に知ることができたのに公言できなかったわけです。

チッソは1956年に水俣病が公式に確認されてからすぐ、工場内の特殊研究室で研究を始めています。私はその公式確認の年にチッソに入社しました。59年の1月から技術部のほうに移籍し、主力製品の増産のための研究に従事していたのですが、特殊研究室でやっていた水俣病関連の仕事が

注1　1962年4月に会社側が安定賃金の提示とともに争議の放棄を労働組合に求めてきたことで起こった。化学産業における最大の労働争議だったといわれている。

注2　水俣病の原因企業であるチッソの労働者として水俣病に向き合ってこなかったことを恥とし、会社の責任を追及し、患者の支援を行うという宣言。

忙しくなり、手伝いというか、補助的に動物実験の餌づくりを私たちの職場でもしてくれないか、という形でそれを始め、そのあと水銀分析なんかもするんです。だから、他の人よりも早く水俣病問題に関わっていた。ただ、チッソが原因だというふうにいろいろ言われても、いや、そうじゃないと思っていました。

池田：それが、チッソが原因だと知った。

山下：はい。それは62年の初め頃だったと思いますが、「これがいま問題になっている水銀だ」と同僚に見せられて、あ、やっぱりチッソだったかということに気が付くんですね。その段階で、「会社はそうじゃないといっているが、やっぱりチッソが原因です」と言うべきだったのですが、首になるかもしれんと思い、言えなかった。

●安賃闘争後の「恥宣言」

池田：そのあと安賃闘争に入っていくんですね。

山下：はい。その安賃闘争が終わって、63年2月から職場に戻っていくのですが、とくに私たち労働者に対する差別がひどくなるんです。第一組合と第二組合[注3]の職場での差別、地域での差別ですね。だから安賃闘争が終わってから、チッソの私たちに対する差別と、水俣病患者に対するやり方が同じじゃないかというふうに思っていたけど、チッソに対してまだそれが言えなかった。

山下善寛さん（右）

68年に組合が定期大会で「恥宣言」をしたとき、私は水俣地協の青年婦人部長をしていて、「うちの組合が今度の定期大会で水俣病に対して決議をするみたいですよ」というようなことを話していたのを覚えています。ですから他の人よりちょっと先に、人間として労働者としてどうあるべきかということに気づいていたということになりますね。

注3　安賃闘争中に会社の御用組合として結成された。

池田：ただ、具体的に１歩踏み出すというところまではいってなかったということですか。

山下：そうですね。ただその前に、市民会議[注4]を結成するとき、チッソの労働者が、14、５人参加しました。私も最初から参加していました。

池田：そのころ善寛さんは20歳代ですよね。

山下：はい。

● 20歳代での転機

池田：公害マンガを描いた矢田恵梨子さんは20歳代なんですが、彼女の知り合いがつくった、四日市公害がテーマのテレビ・ドキュメンタリー番組を見たことで、これまで自分が四日市に生まれ育ったにもかかわらず、公害のことをいかに知らなかったのかを思い知らされた、そういう自分を恥じて、それから自分でも勉強するようになったと言っています。矢田さんが転機を迎えたのが20歳代だったのですが、その頃の善寛さんはどんな気持ちで活動していたのですか。

山下：先ほど言いましたように、安賃闘争が62年で、22歳です。20歳というと60年、私が定時制高校を卒業した年ですね。その頃、定時制高校を卒業したら、通信教育を受けたいというのもあったのですが、工場内の登用試験を受けて社員になりたいということで一生懸命頑張っていました。しかしそのあと安賃闘争が始まって、途中で嫌気がさして、会社を辞めて大学に行こうと思いましたが、水俣が好きというのと親の面倒をみないというのがあって、それはできませんでした。だから、安賃闘争以降、差別を受けて組合運動というか、市民運動に目覚めたということです。

池田：そこで水俣病問題と出会ったというのが大きかった。

山下：そうですね。私は安賃闘争と水俣病問題がなかったら、組合運動をしなかったのじゃないか。また、今の市民運動もしなかったというふうに思います。

注４　「水俣病対策市民会議」（後に水俣病市民会議）。1968年１月、水俣市役所職員の松本勉や教員出身の日吉フミ子、石牟礼道子の呼びかけで発足した水俣病被害者支援組織。

●企業責任と環境汚染・労働災害

池田：ちょっと話題を変えて。あまり知られていないと思うのですが、水俣でもひどい粉じん被害や大気汚染があり、善寛さんが前にも見せてくださったはずですが、ある時期は四日市よりもひどい大気汚染の数値がでていて（表１参照）、その影響なのか、丸島地区の住民が高台に集団移転したと聞きました。改めて、公害とは複合汚染だということを感じたわけです。水俣の粉じん被害や大気汚染についてもう少し教えていただけますか。

山下：今おっしゃったように、水俣では水俣病問題ですね、それが目立っていますが、工場内では労働災害、それから職業病がいっぱいあった。とくに、チッソは職場環境が悪くて、粉じんとかガス、騒音、汚水、そういう問題がいっぱいあったんです。

工場周辺、とくに丸島地区では、たとえば、工場のまわりの家の瓦にカーバイドの粉じんが、4~5cmも積もったというようなこととか（次頁の写真参照）、そこは加里変成工場と硝酸工場の近くだったので、塩酸ガスとか硫酸ガスが流れてきて、そのガスで池の鯉が死ぬとか、植木が枯れたり、畑の野菜がやられるというのがあった。また夜は夜で、原料を投下する音がやかましくて眠れない、というような問題があったんです。

表１　地区別降下煤塵量と亜硫酸ガス濃度（熊本県衛生部の調査による結果を抜粋し作成）

地区名	地名	測定点	降下煤塵量 *1			亜硫酸ガス濃度 *2		
			最高	最低	平均	最高	最低	平均
北九州	門司	10	70	4	16	1.73	0.02	0.52
	小倉	10	43	3	17	1.02	0.03	0.5
	若松	10	137	6	23	1.68	0.12	0.93
	戸畑	8	37	6	21	1.73	0.17	0.52
	八幡	14	113	5	23	2.1	0.11	0.56
中京	名古屋	13	21	9	13	2.7	0.48	1.21
	四日市	18	45	2	11	1.82	0.27	0.55
熊本	水俣	3	79.2	4.2	32.1	1.41	0.23	0.66

＊１：ｔ／㎞/月（1964年６月～1965年５月の平均値）

＊２：mg/100㎠/日 PbO2月（1964年７月～1965年３月の平均値）

池田：丸島地区は漁師の人たちが多かったんですか。

山下：もともとあそこは漁師町なんです。しかし工場周辺には工場労働者も多かったし、一般の人も多かった。したがって工場周辺の多くの人たちがガス、粉じん、騒音などの被害にあった。梅戸団地に集団移転したのは、まさにそこの人たちです。

池田：丸島に私が最初に行ったときに思い出したのが、四日市の磯津でした。四日市ではそこでまず被害が出たんです。最初に汚れた空気がそこを襲ったということで。漁師の人たちが住んでて、道がすごく狭くて、火事があっても消防車が入れないような、そういうところで。丸島のまちを歩いたときに、ものすごく磯津と似てるなあという感じがしたんですね。それがすごく印象に残っています。

裏山から見た丸島の町なみ

山下：原田正純[注5]先生が、弱い人たちから被害が及ぶというふうに言っておられましたが、風通しがよく、見晴らしもよいというところじゃなく、あそこは、港の近くの集落というより、工場の近くに固まっていて、被害をもろにかぶったところですね。だから、水俣病の被害よりもガス・粉じんによる被害のほうが先じゃなかったかと思うんです。その被害を放置したから水俣病につながっていったという、そういう構図ではなかったでしょうか。

●企業体質と安全対策

池田：今話していただいた粉じん被害とか、大気汚染とか、騒音以外に、チッソ工場から排出された水銀やダイオキシン、カーバイド残渣といった産業廃棄物の問題もあるわけですが、なぜこうした環境汚染につながる問題が長い間放置されてきたのでしょうか。やはりチッソの企業体質の問題なのでしょうか。

山下：おっしゃるように、チッソの企業体質というのはあったと思います。とくに、チッソの安全無視というか、生産第一、人権無視という人間

注５　水俣病患者に寄り添い続けた医師。胎児性水俣病の立証や、三井CO中毒、カネミ油症などの社会医学的研究を行う。また、ベトナム戦争における枯れ葉剤被害やカナダの水俣病など世界各地の調査も行った。

を人間と思わないところがあった。ただ、そのまわりの住民自身も、もっとチッソに対して声をあげるべきではなかったか、労働者も含めて、環境問題に対して声をあげるべきじゃなかったかと思います。

池田：それはやっぱりチッソに遠慮して……。

山下：そう、それができなかった。その辺が企業城下町、という言い方になってしまうんですが、私に言わせれば、チッソは水俣を植民地化した。水俣市もチッソに対してあまり文句が言えなかったので、チッソの企業体質プラス地域住民なり労働者の意識不足、力不足。それと行政（国・県）の対応の問題。行政も何も言えなかった。

池田：あと、事故のことなんですけれども、私が四日市に行くたびにコンビナートのどこかの工場で事故が起こっているんですね。今月の初めに行ったときも昭和四日市石油で火災があったし、今年の2月にちょうど味の素の工場見学をしているときに、そこで事故があったんです。そういうふうに考えると、やっぱり化学工場というのは、事故がつきものなのかなと。チッソ水俣工場でもたびたび事故があったんですか。

山下：そうですね。しょっ中事故が起きていました。とくに私が印象に残っているのは、水俣病の裁判のときある労働者が、チッソの入社試験の面接のとき、面接官から「化学工場は爆発するところだ、いつ死んでもかまわないか?」と質問されて、「はい、いつ死んでもかまいません」と答えてチッソに入社できたと。それで、いつ死んでも恥ずかしくないように下着を毎日着替えて出勤したと証言しました。そのくらい事故が多かった。とくに水俣病が発生した頃、1953年頃は災害が多くて、熊本県労働監督署から特別指定工場に指定されています。化学工場のなかで比較しても、よその倍の事故が起こっています。

池田：それは会社が安全対策をきちんとしていなかった。

山下：してないからです。労働者も「職場環境をよくせよ」というのではなく、「危ないから作業手当をつけろ」と要求する。会社も、金で解決するのなら安いというふうに思っていたのかどうかは知りませんが、安全対策を全然行わなかった。

●工場労働者と周辺住民の健康被害

池田：チッソの工場って、まわりに住宅とかもありますよね。そういう住民の人たちの安全とかは……。

山下：全然考えていなかったといったほうがいいと思います。とくに、夜中にガスが出ると、寝とられんから逃げだすというようなこととか、農作物がガスでやられてしまって商品にならない、食べられないというようなことがあると、チッソはタオルとか石鹸を持って、謝りに行って、それですませていたという問題がある。

池田：四日市はすごいんですよ。コンビナートと住民が住んでいるところが隣接していて、しかも小学校も隣接していて、そこの小学校がとくに被害が大きかったところなんですね。ぜんそくの患者がすごく出たところで。あんな近くにいたらぜったい被害が出るだろうなっていうようなところがあるんです。チッソの周辺というか、水俣ともすごく似てるなあって思うところもある。

山下：そういう意味では、すぐ近くに水俣第二小学校があるんですけれども、そこでは、やっぱり喉とか目とかを、ガスとか粉じんでやられたとか、振動の被害を受けたとかがあったんじゃないかというふうに思います。

池田：水俣病の水俣、ほんとに水俣病しかみんなの目がいかないから、それ以外の健康被害とかあんまり話題にならないですよね。

山下：そうですね。第二小学校とか、第二中学校の生徒がどうだったのかというのはあまり問題にされてこなかった。ましてやまわりの住民の問題、チッソのガスとか粉じんとか騒音による被害がどのくらいあったのかという調査はあまりされていません。

私がとくに心配しているのは、チッソ労働者の塩化ビニールモノマーガスによる健康被害です。チッソは塩化ビニールを日本で最初に始めたんです。塩ビモノマーガスは出し放題だった。1960年代、アメリカで血管肉腫の問題があって、塩ビによる健康障害が問題になった。塩ビモノマーの影響は潜伏期間が長くて、後から出てくる。非常に重症な人は血管肉腫だけど、他の症状もいっぱい出ている。塩ビ作業従事者はその後追跡調査が行なわれたが、結果は公になっていません。工場周辺の住民はぜんぜん調べられていません。今から問題になるんじゃないかと思っています。日本では全国に先駆けて、三井化学で塩ビモノマーの患者が出るんですが、水俣でも患者が出ているという新聞記事があります。第一組合でも問題にして、少しは調査をしましたが中途半端で終わっています。

●水俣病問題はすべてに通じる

池田：善寛さんは今でも、いろんな活動に関わっておられますよね。私が水俣病や四日市公害の問題に関わるようになったのは6年前からです。これからもずっと関わり続けたいと思っています。そこでお聞きしたいのですが、善寛さんは原発の問題、産廃の問題、それから水俣病裁判の支援を今でも続けておられます。ずっと、現役でそうした問題に関わっていますが、なぜ継続してやってこられたのかを教えていただきたいのですが。

山下：初めのほうで言いましたけれども、私は他の人よりも早く水俣病問題について知る立場にあった、知ったわけです。それを言えなかったという、その罪悪感というか自分にもっと勇気があったら、という気持ちがずっとあります。

　チッソ附属病院の細川一[注6]先生が会社を辞める前に、いつも懐に辞表を入れて、会社といろいろやり合いながら水俣病の研究をしていたと、本で読みましたけれども、私にはそれだけの勇気がなかったわけです。辞表を懐に入れて企業と対峙するという姿勢が。だから、もっと強い気持ちをもたなければと思ってきました。やっぱり人間として、労働者としてどうあるべきかを自分自身にいつも問いかけ、考えながらやっています。

　それと、もう亡くなられましたが、市役所に務め、市民会議の主力メンバーだった赤崎覚さんという方が、「山下君、水俣病問題はすべてに通じるけん、水俣病の運動を頑張れ」と言ってくださった。それから私もいろいろ考え、「水俣は日本の縮図」ではないのか、水俣には日本の問題のすべてが詰まっている、水俣病問題はすべてに通じていると確信できた。だから

注6　1956年5月1日、水俣保健所にのちに水俣病と認められる患者の届け出をしたときのチッソ附属病院院長。猫を使った実験で．水俣病の原因がチッソの排水であることをつきとめたが、会社から公表を止められていた。

今でも、産廃反対運動や、原発反対、安保法案廃棄、沖縄問題がやれている。これらは、すべて水俣病問題とも通じていると思えるからです。

池田：根っこはぜんぶ一緒だということですね。

山下：そうそう。そういうのがあるから、継続できているのではないでしょうか。

池田：いわば大局的に見られるようになった。水俣病を知ったことでそういうふうに見られるようになったということですよね。

●人とのつながりのなかで学ぶ

山下：それから、私は患者さんに生き方を学ぶというか、そういうのがずいぶんありました。患者さんは、人を見抜く力というか、またぜったい悪を許さないというか、たとえ自分にプラスにならなくても、自分はこう行動するという気持ちを常にもっておられる。人間、やっぱりああないといかんと、患者さんにいつも教わっています。

また会社からいじめられてきたことが、今になって力になっていると思いますね。公害問題に対して、またいろんな問題に対しても、敷居が高くてとか、そういうことじゃなくて、身近なところから関わりをもつべきです。それは全部に通じているんだという考えですね。

池田：人とのつながりのなかでどんどんいろんなものが見えてきたり、いろんなことに関わっていけるようになった……。

山下：そうですね。私はやっぱり、人と「事」だというふうに思うんです。「現場」という言い方でもいいかもしれません。やっぱり、何かがあるところでは何かが学べる。いろんなところに出て行けば、いろんな「事」が学べる。また、人ともいろいろつながっていくことができる。一緒に行動するとその人が見えてくるし、またそこ（現場）の問題点も見えてくるのではないでしょうか。

池田：本当にそうですよね。今日は貴重なお話をありがとうございました。

私たちのまわりにあるアスベスト問題

澤田慎一郎

●「公害のはじまり」としてのクボタショック

大阪市に隣接する兵庫県尼崎市。お笑いコンビのダウンタウンが生まれ育った街として有名だ。2005年4月の列車脱線事故を覚えている方も多いかもしれない。私にとっては、大学に入学してひと月ばかりの出来事で、同じ京都府内の大学に通っていた学生も被害を受けたことに驚きを隠せなかった。

それから約2か月後の6月末以降、アスベストが社会の大きな問題として関心をもたれることになった。そのスタートの舞台が尼崎だった。大手機械メーカー・クボタの旧神崎工場（現・本社阪神事務所）周辺の住民に、アスベストが原因で発症する「中皮腫」が発生しており、会社が見舞金を支払うことが報道された。3人の患者が顔と名前を出して、工場で使われていたアスベストが外の環境に排出されて被害を受けたと訴えた。のちに、「クボタショック」と呼ばれるようになった。

その前年の2004年2月には、日本で初めての被害者の会ができていた。同じ年の11月には「世界アスベスト東京会議」が開催されて、報道関係者にも関心をもたれるようになった。その動きの中心にいた遺族の女性が、関心をもった報道関係者と協力するなかで、3人の被害者と出会った。

3人は2005年4月からクボタとの話し合いをもった。クボタはそれを受けて、まず200万円の見舞金の支払いをすることになったが、それが6月30日だった。見舞金の支払いを受けた被害者の1人は会見で、「これからはじまるアスベスト公害のよーいどんの号砲が鳴った」と話した。その言葉どおり、そのあと連日のように新聞やテレビでアスベスト問題が報道されるようになった。

ただし、なぜこの問題が2005年にならなければ広く認知されるようにならなかったのかは考えなければいけない。尼崎の医療機関の診療記録からは、すでに1980年代にクボタの周辺で被害者が出ていたことがわかっていた。もちろん企業や行政の関係者もなんらかの情報をもっていたと考えられる。

●増え続けるアスベスト被害者

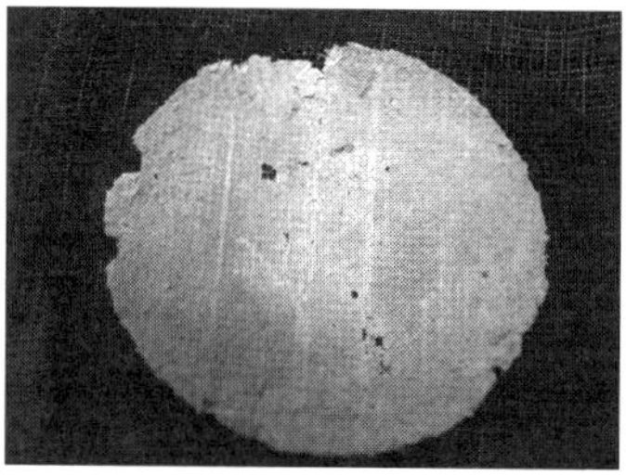
アスベスト（石綿）付き金網

アスベスト（石綿）は「石の綿」と書くように、髪の毛の5,000分の1の繊維があわさっている鉱石だ。多くは輸入品であったが、耐火・耐熱・遮音・耐摩耗などにすぐれており、また安く手に入ったので「奇跡の鉱物」と呼ばれていた。大正・昭和の時代からさまざまな工業製品に使われて、これまで日本国内でつくられた製品の数は3,000ほどとされている。

一方で、アスベストを使っていた職場や、そこでつくった製品を加工・流通させるなかでアスベストを吸ってしまい、中皮腫や肺がんなどの病気になった人がいる。中皮腫は代表的なアスベストの病気で、発症から1、2年で亡くなる患者も少なくない。今、年間で1,400名ほどの死亡者が出ているが、治療方法がみつかっていない。最初にアスベストを吸ってから多くは30～40年後に発症することから「静かな時限爆弾」とも呼ばれ、被害者発生数のピークは2030年頃との研究もある。

2012年に日本では使用などが禁止されているが、あらゆる製品に用いられてきたので建築物の解体や製品の廃棄の過程でアスベストが飛散して、これからも被害を発生させる可能性がある。1970年から80年代にかけて大量のアスベストが使用された。そして東京オリンピックが予定されている2020年頃が、その時代に建てられたビルなどが解体されるピークと言われている。

●クボタショックが生み出したもの

クボタショック後、全国各地の被害が報道されるようになり、それまで社会的に見えない存在だった被害者たちの姿が明らかにされた。その代表的なものが、大阪・南部に位置する泉南地域の被害だった。明治時代からアスベストを原料にした紡織産業が始まり、戦前・戦後を通じて国内最大のアスベスト紡織産業地帯だった。戦前から研究者や国の機関によって工場労働者の深刻な被害がわかっていた地域だった。2006年になって、この地域の被害者は十分な対策をしなかったとして、国に補償を求める裁判を起こした。2014年10月に、最高裁判所が国の責任を認めた。国の責任が認められた初めての判決だったが、クボタショックが起きなければこの地域における被害が明らかになることも、裁判所が国に責任があると認めることもなかっただろう。

また、クボタショックが起きたときは尼崎の人たちのように仕事以外で被害を受けた人には国から何も支給がなかったが、被害者たちの訴えによって2006年2月に「石綿健康被害救済法（救済制度）」がつくられた。仕事が原因で病気になった人に支給される労災制度の給付内容とのあいだで大きな差があることはおかしいとの意見は今も根強くあるが、仕事以外で被害を受けた人にも「救済」の手が差しのべられることになった。これまでに中皮腫と肺がんの被害者だけで、労災制度と救済制度によって2万人以上が認定されている。

尼崎でも新たな被害者が声をあげて、2006年4月にクボタに「救済金制度」をつくらせた。年齢などによって2,500万円から4,600万円が支払われることとなった。それまでの公害問題では、何年も裁判をして国や企業の責任が認められなければこのような「補償金」が支払われることはなかった。2015年末までに、282人への支払いがされているが、工場から半径1.5キロ以内に居住や通勤、通学をしていた被害者だけに対する支払いであり、その外側の被害者が取り残されている。

●終わっていないアスベスト問題

すべての被害者は公的な制度によって給付を受けることができるようになったが、アスベストのみが原因とされている中皮腫だけをみても、実際の被害者の数に対して近年は認定されている被害者の割合が少なくなってきている。制度を知らない、知っていても手続きの方法がよくわからないなどの理由で申請をしていないのではないかと推測される。さらに、アスベストが原因の肺がん、肺機能が低下して呼吸が苦しくなる「アスベスト肺（石綿肺）」と呼ばれる病気の認定がまったく進んでいない。

「どんな仕事をしてきたか」という聞き取りが、アスベストとの関連性を確認するためには必要だが、医療機関でそれがなされずに見過ごされることが多い。高齢でせきやたんが多い人は、関連を疑うことが大切になる。

「将来の被害をどのように少なくしていくか」という予防の問題についても、大震災などのがれき撤去作業でアスベストを吸わないように専用のマスクを付けるなど、多くの人が関心のある問題では少しずつ情報発信されるようになった。だが、ビルなどの解体工事はどこでも日常的に起きている。そこで働く人がアスベストを吸わない対策、工事現場の外にアスベストが出ていかない対策が十分にされていない。2015年11月には大手私立大学で、翌12月には東京高裁・地裁でもアスベストの飛散事故が発生している。工事現場で働く人の安全と健康を守っていく対策の先に、周辺の住民の人たちの問題もある。

アスベストが吹き付けられた天井の撤去作業

働く人のアスベストに対する意識が高くなることはもちろんだが、法律などによって対策が講じられる必要がある。たとえば、飲酒運転をして逮捕されると厳しい罰を課される。捕まっても注意されるだけなのか、免許の取り消しや罰金を取られるのとでは違反件数は違ってくる。先に紹介した2014年の最高裁判決も、法令で規制があっても、罰則がないなど企業がそれに従わなくても操業ができたこと、しっかりと実施できなければそこで働く人の生命や健康が守れないことがわかっていたのにそうしなかったことを指摘して賠償を命じたものだ。

●被害者と私たちとの距離

患者やその家族の方と接する仕事をしていると、「親戚に被害を受けた方がおられるのですか」と聞かれることがある。私の親戚で被害を受けた人はいないが、アスベストを扱う仕事をしていた人はいる。3,000にもおよぶ製品がつくられて、あらゆるモノや場所で使われたので不思議ではない。最近も2歳の子どもを残して30歳代で亡くなった患者の方がいた。どこでアスベストを吸ったのかよくわかっていない。連れ合いの方は「自分の子どもが病気にならないか不安がある」と話していた。その不安は、ここまでで触れたように的外れなものではない。

過去には保育園の改修工事でも飛散事故が発生している。もう15年以上前の出来事だが、今も自治体や専門家の助言を受けながら当時の園児たちは健康管理をしている。似たような事故が小学校や高校などで、近年も起きている。総務省が2016年5月に出した勧告では、約50の事例を検証したところ、適切な対策をしていない工事などが半数以上あった。さらに、そのような工事へ自治体の指導が徹底されていない、災害時に備えた対策を講じている自治体は一部に限られているなど厳しいものとなっている。震災関連では、阪神淡路大震災のがれき撤去作業にたずさわった人の被害も出ている。

このような現実がある一方、クボタショックの起きた10年ほど前に比べると、メディアの報道や社会の関心については「認識の低下」や「風化」が進んでいると感じる。たとえば、尼崎在住の被害者家族から電話相談を受けたことがあったが、クボタショックのことをほとんど知らなかった。毎年6月末には、当事者などが節目の集会を開催して報道などもされている。自治体としても不安を抱える住民の健康管理について、他の自治体よりも積極的に取り組んでいるにもかかわらずそのような状況がある。

私たちのまわりには、建築物を中心にまだ多くのアスベストが残っている。その危険性を正しく知ることはもちろん大切だけれども、その出発点は被害者がどのような人で、どのような思いをもっているのか、なぜそのような被害を受けてしまったのか、いま自分に何ができるのかを知って、考えることだと思う。「こんな被害は自分で最後にしてほしい」「他の人にこのような思いをさせたくない」「お金はいらないから健康なからだを返してほしい」といった被害者の声をこれからどう生かせるだろうか。

今後、私を含めて誰が被害者となるかわからない。誰もが被害者となる可能性がある。けれども、自分や親しい人が被害者とならないために、1人でも被害を少なくするためにできることはある。最初の小さな1歩が、多くの人にとって大切な問題につながることもある。アスベスト問題が経てきた経験からは、小さな1歩が踏み出せず大きな被害につながったこと、小さな1歩を踏み出したから多くの被害者の「救済」につながってきたことの両面を見ることができる。

メディアとしての私たち

対談：諫山三武・池田理知子

2016年2月11日に国際基督教大学（ICU）で行われた対談です。編者の池田理知子が、教え子でメディア関連の仕事をしている諫山三武さんと自らがメディアとして発信していくことの魅力について語り合いました。

●翻訳の過程で知った現実

池田：では、自己紹介からお願いします。

諫山：諫山三武です。ICUの卒業生で、編集者兼会社経営者です。2013年に会社をつくって、編集や制作の仕事を請け負っています。『SINRA』とか『旅と鉄道』という雑誌の編集をやっているかたわら、ICUの「一般教育ハンドブック」やガイドブックをつくる仕事をやっています。また、学生時代から『未知の駅』というZINE（自費出版本）をつくっています。

池田：私からも冊子づくりを手伝ってくれるようお願いしたことがある。

諫山三武さん（左）

諫山：卒業したあとに、日英対訳で水俣病関連の冊子をつくってほしいという依頼があって、プロジェクトチームをつくって、ICU生と外語大の学生５人でやりました。誰も水俣に行ったこともなければ、水俣病について小中学校レベルの知識で止まってるってところから始まったので、実際に翻訳しはじめると、わからないことだらけで。たとえば、「政治解決」って何ですか、とか。

池田：水俣病っていうのは、病像論ですらいまだに議論されているぐらいだからね。

諫山：それと、患者の訳し方をpatientにするのかvictimにするのか、suffererにするのか。これが一番難しい問題で、どういうふうに解釈するかによって、患者さんの社会的な立ち位置が変わってくるじゃないですか。

池田：さっきの1995年の「政治解決」で補償された人たちだって、広い意味では患者さんなんだよね。だからpatientでもある。だけどそれを認定された患者さんと区別しなければならないときには違う言葉を使わなければならなかったりする。

諫山：翻訳するっていっても、機械的な作業じゃなくて、その人がどういうふうな意図で言わんとしているのかに寄り添わないと、適切な言葉を探し出せない。だから同じ「患者」という言葉でも内容によって使い分ける。

池田：翻訳するときは、どうしてもコンテクストを理解したりとか、背景を知らなければならないっていうのはでてくると思うんだけど、水俣病の場合は本当にみんな知らないから。しかも、昔の話がでてくる。「店が1軒もない」っていう訳とか。田舎で店が1軒もない状況っていうのは、スーパーやコンビニなど何かを買う店がないってことなんだけど、最初にでてきた翻訳では、レストランが1軒もないみたいになったよね。

諫山：けっこう印象的だったのが、翻訳者の1人が図書館に行って本を読んだり、インターネットで調べているうちに、翻訳の作業が進まなくなった、と言っていたこと。事実を知ることのほうに興味がいっちゃったんですよね。

●自分から発信することの意味

池田：今はFacebookとかをやってる人が多くて、発信というハードルはすごく低くなったわけじゃない。そのあたりって、自費出版の『未知の駅』はどうなの。

諫山：『未知の駅』のときは、別にコミュニティをつくろうとか、何部売っていくら儲けようとかそういう目的をもたずに、とりあえず自分が思っていることを書いて出した。でも、あとで振り返ってみると、本をお店にもっていくとそれをお店の人が見る。お客さんもそれを見る。そうすると、またそのお店に行ったときに、自分はただのお客さんじゃなく

自費出版した『未知の駅』

なるというか、なんかちょっと不思議な関係になるんですよ。そういう関係が30店舗ぐらいあるんで、いろんな反応が返ってくる。

オルタナティブな暮らしをテーマにした本なので、そういうトークイベントをお願いされたりとか。始めてもう4年ぐらい経つんですけど、自分でつくって、販路も自分でっていうことをやっていくと、自分と書店と読み手との独自のネットワークができてくる。だから、発信することの意味っていったら、独自のネットワークをつくるってことがあるのかもしれない。それと、自分にとって発信するっていうのは、いわばドアにドアノブつけるようなもの。たとえば、あのドアの向こうに水俣病の問題があるとしても、ドアノブがないことにはみんなそこを素通りしていっちゃう。ドアノブを付けてあげると、開けられる。

池田：そうすると、そのドアノブをどこに付けるかっていうのも、ネットワークのいろいろなつながりのなかで見えてくるんだろうね、きっと。『未知の駅』はいろんな人をつくりだしてる。私もそうだよね。2号に書いた「シロアリと生きる」がそう。それまでアカデミックな論文しか書いてこなかったから、それ以外の文章を書くことの喜びを教えてもらったみたいなもんで。

諫山：僕は何もやってないですけどね。テーマは「住む」、何か書いてください、みたいな。そういう場をつくりたいってだけで。でも、つくってみて思ったのは、もっと情報が集まってくるようになった。だから、発信するともっと大きなインプットが得られるという側面はあると思う。逆に池田さんが、メディアでの発信で思ってることって何ですか。

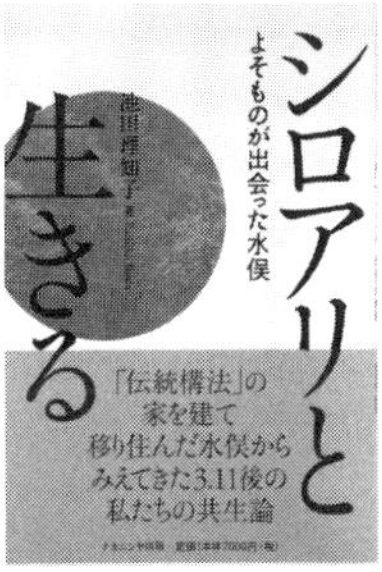

『シロアリと生きる』
（ナカニシヤ出版　2014年）

池田：私は本をつくって発信したいと思っている。「シロアリと生きる」っていう文章を書かせてもらって、そのあと『シロアリと生きる』っていう同じタイトルの本をつくった。そのときに思っていたのは、水俣病のことを大上段に構えて書いても、読んでくれる人はそんなにはいないだろうってこと。だったらもうちょっとゆるいところから引き込むような工夫ができないかなと思って、ちょっとユーモラスな形でつくったのがその本。水俣ってこういうとこなんだよ、水俣病の問題ってこういうものなんだよって、少しずつわかってもらって、興味がわいたら水俣に来てよ、みたいなそんな発信の仕方をしたいなあと思って。

諌山：アプローチの仕方を変えた。

池田：それが成功したかどうかは、本の売り上げからすると成功してはいないんだけれど。何らかの形で、その本が水俣や水俣病のことを知るきっかけになってもらえればいいなと思って。普段、水俣病の本を手にしないような人たちに読んでもらいたいなあと思ってつくった。

●若い世代に伝えたいこと

池田：若い人に伝えていくって、どうなんだろうね。四日市でも水俣でもなかなか若い人が関わっていないんだよね。

諌山：若い人にとっての四日市公害が何なのかっていうところが知りたいですよね。

池田：みんな興味ないように思えるよね。終わったことだと思っている。

諌山：終わってないことの理由って何なのか、それが僕もよくわかっていないんですが。だってもう、「空は青い」んでしょ。若い人たちが四日市公害のことを知らなきゃいけない理由って何なんだろう。そのあたりがまずとっかかりになると思うんですが。

池田：まず、「青空が戻った」っていうところからして考えなきゃいけないと思っている。たとえば私みたいなよそ者が四日市に行くと、やっぱり臭うんだよね。

諌山：今も？

池田：日によってはすごく強い化学臭がする。そこに住んでる人たちは、慣れてるからあまり感じない。だけど、よその人が行くと感じるんだよね。私だけじゃなくて。そうすると、この臭いとあの青空って本当に関係がないのだろうかって思えてくる。だから終わったっていう言説のなかには、本当に終わっているかどうかわからないのに、終わってると信じたい人の願望が多分に含まれているのかなあって。

2014年1月に起きた爆発事故直後の
三菱マテリアル

諫山：それはありますよね。

池田：あと、まだぜんそくで苦しんでる人がいるから終わってないっていう言い方がされるんだけど、じゃあ患者さんが年をとってみんな亡くなったら解決ってことになってしまうじゃない。それと、化学工場がいっぱいあるわけだから事故はしょっちゅう起きる。以前あった三菱マテリアルの事故では何人か亡くなったから全国放送になったけど。そういうところに民家が隣接してるって問題も残ってる。

諫山：じゃあやっぱり何にもないかのように見える日常の風景だけど、よく考えてみると実はけっこう危ういところなんだよってあたりから伝えるってことかな。

池田：そこをまずわかってもらうのと、そこから自分の日常に戻って考える。あなたたちは本当に安全な環境のなかで暮らしているんですかってこと。「3.11」後の世界っていうのは、放射能とかそういうものを無視できなくなっているわけでしょ。大気汚染とか、土壌汚染とか、身近なところに本当にそういう公害問題はないのか。 たとえば東京だと、築地から豊洲への東京中央卸売市場の移転問題はメディアが騒いでるときにはみんないろいろと言ってたけど、土壌汚染がなくなったわけではないのにメディアで報道されなくなると、みんな忘れてしまう。四日市の問題だから四日市のことに関わらなければならないっていうことを言ってるわけではなくて、四日市の問題を通して、自分の日常をもう一度見直さなきゃいけないんじゃないのかっていうことを言いたい。

●「3.11」後の私たちの選択

池田：『未知の駅』を始めたのが、大学4年のときだったよね。

諫山：そうです。2011年の夏から取材を始めて、ようやく印刷所にいったのが2012年の2月だったと思いますね。「3.11」後っていうのは、意識のある人とない人とですごい差が激しかった。国はただちに影響はないと言いつつ、すぐにも海外移住しちゃう人の情報がネットのニュースやFacebookとかに入ってくるし。漠然とした不安があの頃はすごくあって、じゃあ自分はどうしたらいいんだろうと、いろいろ迷ってた。たとえば雨に濡れないように、傘を忘れたからといって、駅からたった5分の距離をタクシーに乗ってみたりだとか、食べ物は九州産のものを買ったりとかって生活してたんだけど、気を使いすぎてだんだん疲弊しちゃうわけ。学生だったし、お金もないし。そう考えたときに、安全とか安心をこの都市のなかで求めようとすると、お金がないと無理だと。お金がある人しか生き残れない都市社会っていったい何だろうなって考えて。

そのときにたまたま出会った農家さんが、電気も冷蔵庫もなしで、山の中で自給自足の生活をしていた。お金はほとんどかかってないし、子ども4人育てながら、奥さんとなかよく暮らしてる。そんな楽しい雰囲気とか、暮らしの知恵みたいなものを毎日実践してるところがすごい面白いなあと思った。別に自分がそういう生活をしたいとか、田舎に行こうとか思っているわけじゃ全然ないんだけど。安心できるものを食べたい、安全なところに住みたい、だからお金が必要、じゃあ大企業で働こうっていう発想じゃなくて、道っていろいろあるじゃないかということを伝えたいと思って。意外といろんな生き方があるんだよっていうことを伝えるために、本や雑誌をつくってる。

また、それは自分だけの問題じゃなくって、みんなの問題だと思ったから、みんなが手に取って読めるような形にしなきゃいけないって思った。だから、ブログやFacebookに書くのもいいけど、それは書いた次の日にはもう流れていっちゃうでしょ。初めて会った人から、「ブログやってます」ってアドレスを書いた名刺やビラを渡されても実際にアクセスする人は少ないと思う。手に触れるものだとその場でパラパラと見るでしょ。だから紙媒体にしてる。

池田：確かにそう。あんまり関係ないかもしれないけど、学会で出してるニュースレターとかもみんな電子媒体に変わっている。電子媒体ははっきり言ってみんな見ないと思う。紙媒体だったら、送られてきたときは少なくともパラパラ見るもん。それでひっかかりがあったら読むと思うんだよね。紙の大切さってすごくあると思う。

諫山：自分のタイミングで見れるからね。どっちがいいか悪いかの問題じゃなくて、メディアミックスというか、どっちも使っていったほうがいいと思う。

池田：そうだね。だいぶいろんな話がでたけど、そろそろこの辺りで終わりにしましょうか。今日はありがとうございました。

私たちのなかの公害

池田理知子

●身近にある公害

公害とは教科書のなかに出てくるだけの遠い過去の出来事なのだろうか。実は意外と身近なところにあるのではないか。そんなことに気づかされたのが、水俣市立水俣病資料館の語り部をしているある女性の講話を聞いているときだった。彼女は環境学習で訪れた熊本県内の小学５年生の子どもたちに向かって、「むしろ」や「めご（籠のこと）」といった用語を使って水俣病が発生した当時の村の様子を説明したあとで、「帰ったら家族の人にその言葉の意味を聞いてみてください」と語りかける。そして、「今日帰ったら、私が話したことをお父さん、お母さんに伝えてください。そして今度はあなたたちが家族を資料館に連れてきてください」と言って、講話を終えたのだ。

今では県内の小学５年生のほぼ全員が水俣病資料館を訪れることになっている熊本県でも、かつては水俣病のことについて親子で語るということはほとんどなく、たとえ親や祖父母が水俣病であっても子どもはそのことを知らないといったことがよくあったそうだ。そうした現実が今でも解消されていないことを知る彼女だからこそ、親子の会話を促すべく子どもたちにああいった語りかけをしたのだろう。これを水俣病と熊本という地域の特殊性というだけで片付けてしまっていいのだろうか。もしかしたら気が付いていないだけで、水俣病と同じように公害と私たちの日常とのつながりは案外身近なところにあるのかもしれない。

●「青空」の意味

福島第一原子力発電所の１号機と３号機の爆発後に九州へ一時避難してから久しぶりに戻った2011年３月末、東京の桜は満開だった。通勤の行き帰りに電車の窓から見える多摩川のそばにある桜並木も例年どおりに咲き誇っていた。ところが、その時期になると一瞬でも仕事の疲れをいやしてくれていたはずの桜が、その年に限って違った色に見えたのである。それは淡いピンク色ではなく、ススか何かで汚れたように灰色がかっていたのだ。当時の私自身の不安な心がそう見せたに違いない。

公害がひどかった時代から年月が経った今の四日市が語られるとき、「青空が戻った」という表現がよく使われる。これまでの四日市公害の歴史のなかで、「青空」という言葉が象徴的に繰り返し使われてきたことと関係しているのかもしれないが、環境の改善とは空の色だけで語れるものではないはずだ。この本の中で山下善寛氏も指摘しているように、公害は複合汚染である。今でもコンビナートのある海の方から吹いてくる風に混ざった化学臭や、いまだに解消されたとはいえない海の汚染は、「青空が戻った」という言われ方だけが一人歩きしているのではないかと考えさせるのに十分な判断材料を与えてくれる。コンビナート企業でたびたび起きる事故や労働災害もまた、近くに住む人の不安材料の1つだ。

そうした実態を踏まえて「青空」が使われてきたことの意味を再び問い直そうとすると、四日市公害裁判の原告患者である野田之一氏に「ありがとう」の言葉を執拗に聞き出そうとしたメディアの対応が思い起こされる。1972年7月24日、勝訴判決直後の津地方裁判所四日市支部前の報告集会で、裁判に勝ったとはいえ公害がなくなるわけではないことから、「ありがとうの挨拶は青空が戻ったときにさせてもらいます」と彼は宣言したのだった。それ以来、野田氏がいつ「ありがとう」を言うのかが事あるたびに取りざたされてきたのだ。

勝訴判決後直後に市庁舎屋上から撮った写真

私たちが目にする対象と私たちの関係は一様ではない。ある物がどのように見えるのかは人によって異なるし、同じ人であったとしても時間の経過や置かれた状況によってその見え方が変わってくる。私たちが目にしている空も、たとえばテレビに映るスモッグに覆われた中国の空と比べるのか、それとも高原に行って振り仰ぐ空の色と比べるのかによって、「青空」が意味するものが異なってくるだろう。「青空」が何を指しているのか、1人ひとりがその意味をもう1度考えてみてもよいのではないだろうか。

また、「青空が戻った」という言葉を使うことで、「公害を克服した」と信じたい人たちとのコミュニケーションの回路は開かれるだろうが、今でも公害に苦しんでいる人たちや「終わらない公害」に向き合っている人たちとの回路は閉ざされてしまうかもしれない。ある言葉を使うことで誰が得をし、誰が片隅に追いやられるのか、それが繰り返し使われることで、何が見えなくされているのかを改めて問う必要があるのだといえる。

「公害」が「環境」とか「エコ」という何となく耳障りのいい言葉に置き換えられてしまった今、公害被害者の姿が見えにくくなってしまってはいないだろうか。ときには立ち止まって、普段何気なく口にしている言葉が何を意味するのかを考えてみる必要があるだろう。さもないと、「3.11」後の大手メディアの報道と同じように「ただちに健康に影響はありません」という政府の見解のごときメッセージを私たち自身が繰り返すことになってしまうのではないか。

●私たちと公害とのつながり

四日市公害をはじめとした大気汚染による公害病と私たちの日常もつながっている。消費税が8%に引き上げられたときに、新聞やテレビのニュースで頻繁に取り上げられた自動車重量税をめぐる議論で、この税のことを始めて知ったという人が少なからずいたかもしれない。この税は、ある一定の条件をクリアすると免除されるものも今ではあるが、それ以外の一般道を走る車には必ず課せられているものだ。その名のとおり、車体の重量がかさむとそれだけ税金が高くなるしくみになっており、大気汚染による公害病患者の補償に充てるという特定の目的での使用のために設けられた税である。1972年7月の四日市公害裁判の原告全面勝訴判決を受け、1973年に始まったこの補償制度は、大気汚染の原因となる企業と車にそれぞれ80%と20%の比率で負担を課すというもので、その車の負担分が自動車重量税から引き当てられている。

たとえ車を運転しないという人でも、バスやタクシーを利用したことのない人はいないはずであり、まして、トラックで運ばれてくるコンビニの商品や宅配便のサービスを利用したことが1度もないという人などいないだろう。物流の発達は私たちの生活を便利にしてくれた一方で、大量の排気ガスを大気中に放出するトラック輸送を増大させてきた。巨大な四日市のコンビナートに出入りするおびただしい数のトラックもその一部である。もはや車なしでの生活など考えられない私たちの日常だが、そのなかで車と公害とのつながりを普段から意識している人は、いったいどれだけいるのだろうか。

●なくならない公害

2015年7月の第1コンビナートの風景

1988年、公害はすでに解消されたから新しい患者は発生しないとして、これまで41あった大気汚染の公害指定地域すべてが指定解除され、新たな被害者の「救済」が打ち切られた。しかしそれは、公害がなくなったことを意味していないことは次の例からも明らかだ。たとえば、環境省が2005年から2009年にかけて行った幹線道路住民を対象とした大規模な疫学調査「そら（SORA）プロジェクト」のなかで57の小学校の協力と約12,500人のぜんそく発症の追跡を行った結果では、自動車排出ガスとぜんそく発症との間に関連性が認められたと報告されている。また、1年以上の東京都内での居住歴がある気管支ぜんそく患者で対象となっている医療費助成を受けている人たちの数が、2010年度末時点で8万5千人を超えているとの報告もある（東京都大気汚染医療費助成制度の運用状況及び大気汚染物質と健康影響に関する調査研究報告書より）。

最近のメディア報道では、中国が大気汚染物質をまき散らす「悪者」のように扱われているが、そこに私たちの関与はないのだろうか。四日市市にある公害資料館「四日市公害と環境未来館」でボランティア解説員をしている男性は、かつて四日市のコンビナート企業で働いていた。彼によると、中国の大気汚染の原因の半分以上が中国に進出した日本企業によるものであるらしい。環境基準の緩い中国に、しかも製造コストが安いからといって進出する企業はあとを絶たない。そのなかで日本と同じような発生源対策をとっている企業はほとんどないということだった。このような実態があるなかで、対岸の火事を眺めるがごとく無関係を装っていてよいのだろうか。

●公害の痕跡をたどる

冒頭で紹介した水俣病は、熊本県だけで発生しているわけではない。水俣病の原因企業チッソの工場があった水俣市は鹿児島との県境に位置し、鹿児島県出水市とは不知火海でつながり、東シナ海に面している阿久根市とも黒の瀬戸という海峡を通じてつながっている。したがって、それらの地域でも水俣病患者が多数発生している。

チッソがメチル水銀を含む廃液を流していたのは、1932年から68年までである。ちょうどその間にあたる1938年から47年までの幼少期を私の母は阿久根市で過ごしている。肉を食べない彼女は、魚をおいしそうに、しかも骨だけを残してきれいにたいらげる。そうした「阿久根」と「魚」という言葉のつながりが、彼女にとって、そして私にとって何を意味するのか、つい最近まで考えたことはなかった。

魚をとって食べていたその頃の思い出を今でもときおり語る母が、水俣病にならなかったのは偶然かもしれない。そしてその偶然は私にもあてはまる。母がもう少し長く阿久根にとどまっていたなら、母がその地で結婚して私を産んでいたなら……さまざまな偶然が重なって、私はたまたま水俣病にならなかっただけなのかもしれない。

こうしたことを考えるようになったのは、水俣や四日市を訪ね、公害をどう伝えていくのかという研究をするようになってからだった。鹿児島で生まれ育ったにもかかわらず、私は自分の近くにあった公害に数年前までまったく気づくことはなかったのである。

このように、身近なところに公害の痕跡はあるはずだ。私たちは無意識にそこを素通りしてしまっているだけなのではないか。そしてその痕跡は、見ようと欲しなければけっして姿を現さないものでもある。

人口32万の都市である四日市の日常の風景は、山間部を除いて、コンビナートとともにある。そこにこそ考えるヒントがあるのではないだろうか。今までの見慣れた風景に異なるまなざしを向ければ、これまでのありふれた風景が違った姿を見せはじめるかもしれない。私たちがどのような関係を結ぶのかがそこでは問われているのだ。

あとがき

2015年の11月末、池田理知子さんから出版を勧められたとき、私はお断りしました。今の若い人たちに読んでもらいたいと思って『ソラノイト』を描いたものの、マンガの出版社や行政からは出版を断られ、作品の未熟さを痛感していたからです。公害マンガは出版には向かないし、売れない、費用もかかる。いろいろな言い訳を並べながら、自分で冊子にして自家通販をすれば十分だと思っていました。

数日後、「このマンガが1番生きる形で出版しましょう」と池田さんから再び連絡があり、本の企画書が届きました。そこに載っていた執筆者は、これまで「公害」に向き合って活動されてきた人たちでした。自分だけではなく、執筆者と想いを共有し、読者に届けたい。1度はお断りしたものの、この先に何があるのかを確かめたいと思い、自分の表現に対する責任の重さに不安を覚えながらも、お引き受けすることにしました。

読者にこの本を手に取っていただいたことで、目に見えない細い「イト」が生まれました。本を読んで少しでも何かを感じたのであれば、それを誰かに伝えていただけたら幸いです。1人ひとりの読者の元から、また新たな「イト」がつながっていくからです。

公害が発生した当時、人びとがもがきながら生き抜いた灰色の空も、今の空も、途切れることなくつながっています。人が経済活動によって空や海や大地を汚すことなく、自然と共に生きていくこと。そしてそれを未来につなげていくことが、現代を生きる私たちに求められていることなのではないでしょうか。

最後に、出版や講演の機会を与えてくださった池田理知子さん、いつも積極的に若者の意見を取り入れ適切なアドバイスをしてくださった伊藤三男さん、私が四日市公害に出会うきっかけをつくってくださった深井小百合さん、谷田輝子さんをはじめ取材に協力していただいた皆さん、出版のために協力していただいた執筆者や関係者の皆さん、そしてこの本を手にとってくださったすべての方に、心から御礼申し上げます。

矢田恵梨子

執筆者（50音順）

池田理知子	国際基督教大学教授
諫山三武	株式会社未知の駅
伊藤三男	四日市再生「公害市民塾」
岡本早織	国際基督教大学（2016年 3月卒業）
カレン, B.	国際基督教大学教授
澤田慎一郎	中皮腫・アスベスト疾患・患者と家族の会事務局長
谷﨑仁美	アクティオ株式会社
谷田輝子	四日市公害患者と家族の会代表
田村銀河	NHK四日市支局記者
深井小百合	テレビ新広島記者（元三重テレビ放送ディレクター）
矢田恵梨子	マンガ家
山下善寛	新日本窒素労働組合元委員長

写真提供

四日市再生「公害市民塾」　p106　p112　p120　p121　p147　p152　p154

中皮腫・アスベスト疾患・患者と家族の会　p138　p140

熊本学園大学水俣学研究センター　p131

空の青さはひとつだけ

マンガがつなぐ四日市公害

編集　池田理知子・伊藤三男　マンガ　矢田恵梨子

著者　池田理知子・諫山三武・伊藤三男・岡本早織
カレン , B.・澤田慎一郎・谷﨑仁美・谷田輝子
田村銀河・深井小百合・矢田恵梨子・山下善寛

初版発行	2016 年 7 月 24 日
五刷発行	2024 年 6 月 10 日
印刷・製本	モリモト印刷 (株)

ISBN978-4-87551-228-8　本体価格はカバーに記載しています。
本書に関するお問い合わせは、メールにて info@kumpul.co.jp 宛にお願いいたします。